BIBLIOTHÈQUE

DE

LA JEUNESSE CHRÉTIENNE,

APPROUVÉE

PAR MGR L'ARCHEVÊQUE DE TOURS.

ESQUISSES
ENTOMOLOGIQUES

OU

HISTOIRE NATURELLE

DES INSECTES LES PLUS REMARQUABLES;

Par M. l'abbé J.-J. Bourassé,

PROFESSEUR DE ZOOLOGIE AU PETIT SÉMINAIRE DE TOURS, MEMBRE DE LA SOCIÉTÉ ENTOMOLOGIQUE DE FRANCE.

Les œuvres de Dieu seul sont admirables.
ECCLÉS., ch. 11.

L'ouvrage étonne, mais c'est l'empreinte divine dont il porte les traits qui doit nous frapper.
BUFFON.

TOURS,

Ad MAME ET Cie, IMPRIMEURS-LIBRAIRES.

1842

L'étude de l'histoire naturelle, jusque dans ses branches les plus dédaignées, est fertile en leçons touchantes, en enseignements utiles pour l'intelligence et pour le cœur. La nature est la révélation sensible de la divine Providence; c'est un livre où tout homme peut voir écrites, en une langue merveilleuse, la grandeur, la sagesse et la puissance de Dieu!

Élever l'âme de la créature au Créateur, tel a été notre but principal, en composant cet ouvrage. L'histoire des insectes, généralement peu connue, nous a fourni des matériaux abondants pour arriver à cette fin : mœurs variées, habitudes surprenantes, instinct prodigieux, travaux de tout genre, industrie savante, ruses, combats, petites guerres, s'offrent en foule à l'observation et à l'admiration des naturalistes!

Nous dédions ce livre à la jeunesse chrétienne, et nous espérons que dans les *Esquisses entomologiques* elle trouvera souvent l'occasion de louer et de bénir Dieu.

Il n'est pas de créature si petite et si méprisée qui ne nous montre la bonté de Dieu.

Imitation de Jésus-Christ, liv. 2, chap. 4.

INTRODUCTION.

ORGANISATION DES INSECTES.

Rien, dans la création, ne saurait fixer nos regards et exciter notre enthousiasme, comme le spectacle merveilleux de l'organisation. Les lois qui régissent les astres, les propriétés attachées aux substances inorganiques, les phénomènes qui nous surprennent dans la nature morte, ne pourront jamais entrer en comparaison avec les prodiges renfermés dans le plus frêle organisme. La vie matérielle, l'ensemble des fonctions physiologiques qui la conservent et qui la perpétuent, cette succession de combats et de résistances nécessaires pour la maintenir, offriront toujours à l'esprit de l'homme attentif le fait le plus surprenant et le problème le plus inextricable. Pour quiconque veut réfléchir, la vie et ses organes produisent une des preuves les plus frappantes de l'existence d'un Dieu créateur, de même qu'une manifestation des plus sublimes de sa toute-puissance.

Si l'organisation en général est si admirable, notre étonnement ne devra-t-il pas s'accroître, en considérant cette multitude innombrable de petits insectes qui échappent à notre vue, dont le corps cependant renferme, dans des proportions infiniment réduites, les organes les plus compliqués. Si l'étude des productions de la nature exalte le sentiment religieux, le spectacle de la structure merveilleuse des insectes doit nous forcer à pousser un cri d'adoration; nous y contemplons en miniature le chef-d'œuvre de la puissance créatrice!

Le corps des insectes est généralement protégé par une peau très-dure, coriace et d'apparence cornée. Elle représente une sorte de squelette extérieur, puisqu'elle soutient et renferme les organes mous, toujours situés à l'intérieur. Disposition inverse de celle que nous observons dans les animaux des classes plus élevées, et qui nous permet de conserver les insectes dans nos collections avec tant de facilité, dans toute la pureté des formes de l'animal vivant, dans toute la fraîcheur de ses ornements.

Le corps d'un insecte est partagé en plusieurs segments, et c'est précisément de cette division que leur est venu leur nom, d'un mot latin qui signifie entrecoupé. On en compte quatre : la *tête*, le *thorax*, *l'abdomen* et les *membres*.

La tête porte la bouche, armée parfois de fortes mandibules arquées et de mâchoires bien aiguisées, destinées à saisir et à déchirer une proie, comme le bec aigu des oiseaux carnassiers. Ces parties de la bouche sont quelquefois profondément modifiées : tantôt elles s'allongent en une *trompe* roulée en spirale, à l'aide de laquelle le papillon suce le nectar au fond de la corolle des fleurs; tantôt elles s'avancent sous la forme d'un bec pointu ou rostre, qui sert à la punaise à percer la peau des végétaux et à en sucer la sève; tantôt elles se changent en un suçoir composé d'un fourreau solide, renfermant plusieurs fines épées au moyen desquelles le cousin nous cause des tumeurs si importunes; tantôt enfin elles se transforment en un suçoir simple et charnu, comme celui avec lequel la mouche des maisons aspire les liquides qui forment sa nourriture.

La tête est élégamment chargée de jolies *antennes*, de formes très-variées; ce sont de gracieux panaches, de longs filets délicats et mobiles, d'une structure admirable, puisqu'ils renferment des nerfs pour la sensibilité, des muscles pour le mouvement, des trachées pour la circulation de l'air, un liquide nourricier pour réparer les pertes occasionnées par l'effet de la vie. Qu'on examine attentivement les antennes si déliées de la grande sauterelle verte, et l'on sera surpris d'une disposition si extraordinaire.

A côté des antennes et voisins des parties de la bouche, on voit deux yeux, dont la surface extérieure est régulièrement divisée en petites facettes, que les entomologistes ont considérées comme faisant l'office d'yeux séparés et distincts. Outre ces deux yeux, les abeilles, les guêpes, les frêlons en ont encore trois autres, beaucoup plus petits, disposés en triangle, sur le milieu du front.

Le thorax, composé de trois anneaux, dont le premier s'appelle *corselet*, supporte les pattes, constamment au nombre de six, et les ailes, en nombre variable. Les pattes sont composées de plusieurs pièces différentes articulées les unes au bout des autres. Les plus importantes à connaître sont la *hanche*, la *cuisse*, la *jambe* ou *tibia* et le *tarse*. Nous devons avertir que les entomologistes ont attaché une grande importance au nombre des petits articles qui composent le tarse. Ils en ont fait le fondement de distributions générales dans l'ordre des coléoptères, et s'en sont avantageusement servis pour caractériser quelques familles, dans les autres ordres.

Les ailes varient et par le nombre et par la structure; tantôt il y en a deux seulement, comme chez la mouche domestique; tantôt il y en a quatre comme chez le papillon, la libellule et le hanneton. Quand les ailes supérieures sont dures, coriaces, on les appelle *élytres;* quand elles sont transparentes comme de la gaze, on les nomme simplement *ailes membraneuses*. Les papillons ont leurs quatre ailes membraneuses, recouvertes d'une fine poussière d'écailles colorées.

L'abdomen ou le ventre ne supporte jamais de membres, et se trouve formé par une suite d'anneaux réunis les uns aux autres, par une membrane souple qui n'empêche pas leur mobilité. Chacun de ces anneaux est percé latéralement d'une petite ouverture en forme de boutonnière, nommée *stigmate*, destinée à prêter passage à l'air, dans l'acte de la respiration. L'abdomen est souvent terminé par des instruments tarès-vriés, pour aider la ponte des insectes : ce sont des tenailles solides, des tarières bien aiguisées, des scies finement dentées, des vrilles très-pénétrantes, des sabres recourbés, des couteaux bien affilés; ce sont souvent des armes offensives et défensives, terribles parce qu'elles sont empoisonnées, comme le dard des guêpes et des abeilles.

Si nous pénétrions dans l'intérieur du corps des insectes, quelle réunion de ressorts merveilleux, d'organes admirables, n'aurions-nous pas à contempler!

Les anciens disaient: la nature est admirable dans les plus petites choses; pour nous, plus instruits et plus reconnaissants, nous dirons: Dieu se reconnaît à son œuvre!

CLASSEMENT DES INSECTES

EN DIFFÉRENTS ORDRES.

Le fondement de l'histoire naturelle, c'est la classification. Les insectes étant excessivement nombreux, il a été nécessaire de les distribuer en différents groupes naturels. Ces groupes sont ce qu'on appelle les *ordres;* ils sont au nombre de douze. Les entomologistes, pour les différencier, ont emprunté les caractères à la structure des ailes et à la disposition des organes de la bouche. Voici le tableau des ordres, tels qu'ils sont le plus généralement adoptés aujourd'hui.

1er ORDRE. — COLÉOPTÈRES.

Les coléoptères ont deux ailes membraneuses, repliées sous deux espèces d'ailes dures, coriaces, nommées *élytres*. Exemple : carabe, capricorne, charançon.

2e ORDRE. — LÉPIDOPTÈRES.

Les lépidoptères ont quatre ailes membraneuses, recouvertes d'une poussière écailleuse. Leur bouche est munie d'une trompe roulée en spirale. Ex. : papillon.

3e ORDRE. — DERMAPTÈRES.

Les dermaptères ont les ailes supérieures coriaces, très-courtes, et les inférieures rayonnées, pliées transversalement et longitudinalement. La bouche est munie de mandibules et de mâchoires. Ex. : forficule, vulgairement, perce-oreille.

4e ORDRE. — ORTHOPTÈRES.

Les orthoptères ont les deux ailes inférieures longitudinalement repliées sous des élytres molles, presque membraneuses. Leur bouche est munie de mandibules et de mâchoires. Ex. : sauterelle, grillon.

5e ORDRE. — HÉMIPTÈRES.

Les *hémiptères ont* deux ailes *inférieures* croisées sous des élytres demi-membraneuses. Leur bouche est munie d'une trompe aiguë, recourbée sous la poitrine. Ex. : punaise, cigale.

6e ORDRE. — NÉVROPTÈRES.

Les névroptères ont quatre ailes membraneuses, traversées de nervures réticulées. Leur bouche est munie de mandibules et de mâchoires. Ex. : libellule, vulg., demoiselle, éphémère.

7e ORDRE. — HYMÉNOPTÈRES.

Les hyménoptères ont quatre ailes nues, veinées, inégales. Leur bouche est munie de mandibules et d'une trompe souvent très-petite. Ex. : abeille, fourmi.

8e ORDRE. — DIPTÈRES.

Les diptères n'ont que deux ailes nues, veinées, et, par-dessous, deux balanciers. Leur bouche consiste en une trompe droite, coudée ou rétractile. Ex. : mouche, cousin.

9e ORDRE. — RHIPIPTÈRES.

Les rhipiptères ont deux ailes membraneuses, plissées en éventail. Leur bouche est complète. Ex. : stylops.

10e ORDRE. — THYSANOURES.

Les thysanoures n'ont pas d'ailes. Leur abdomen est garni sur les parties latérales de fausses pattes, et, à son extrémité, d'un appendice propre au saut. Ex. : podure.

11e ORDRE. — PARASITES

Les parasites n'ont pas d'ailes. Leur bouche consiste en un petit suçoir accompagné de deux mandibules en forme de crochets. Ex. : pou.

12e ORDRE. — SUCEURS.

Les suceurs n'ont pas d'ailes. Leur bouche

est composée d'un suçoir renfermé dans une espèce de fourreau cylindrique composé de plusieurs pièces articulées. Ex. : puce.

On trouvera sans doute bien aride cette sèche nomenclature des ordres; mais ce tableau est essentiel à connaître : on peut le regarder comme la clef de l'entomologie. Nous engageons fortement les jeunes naturalistes à surmonter la peine que pourra leur coûter l'intelligence de tous les ordres : leurs efforts seront pour eux une source de jouissances par la suite.

MÉTAMORPHOSES DES INSECTES.

Un des spectacles les plus extraordinaires et les plus intéressants que puisse nous offrir l'étude de l'histoire naturelle, c'est, sans contredit, celui des transformations ou des métamorphoses des insectes. Tous ces petits animaux qui nous charment par l'élégance de leurs formes, par l'éclat de leurs couleurs, par la grâce de leurs allures, par la bizarrerie de leurs instincts, par la singularité de leurs mœurs, n'ont pas toujours présenté les mêmes dispositions organiques extérieures.

Tous ont dû passer par un état humble, méprisé, trop souvent fatal à un grand nombre; tous, au sortir de l'œuf, ont rampé sous la forme de *larve*, de *ver* ou de *chenille*. Cette chenille au corps velu, hérissé d'épines, couvert de tubercules, à la démarche paresseuse, aux goûts dépravés, inspire à tout le monde un dégoût involontaire. Bientôt cependant cette hideuse chenille, guidée par un merveilleux instinct, pressent une vie plus glorieuse et se prépare avec ardeur et joie un tombeau qu'elle regarde comme le berceau d'une existence nouvelle et brillante. Au sein de la mort s'opère un mystère de transformation; l'insecte déchire son linceul, étale ses ailes élégantes et prend son essor. Cette chenille que nous méprisions naguère voltige maintenant au milieu des fleurs, plus belle que les fleurs elles-mêmes : sous la forme d'un gracieux et léger papillon, elle promène son inconstance à toutes les fleurs des champs et des prairies.

Telle est, en abrégé, l'histoire des changements de tous les insectes; tous ont été rampants, et, après quelques jours d'un sommeil léthargique admirable, ils se sont éveillés pleins de vie et de beautés.

Ces changements étaient connus des anciens, puisque Aristote, le prince des naturalistes, en parle dans son livre sur l'histoire des animaux : on leur avait donné le nom de métamorphoses. Cependant, si nous voulons parler exactement, ce sont moins des *transformations*, des *métamorphoses*, que des *évolutions de formes*, que des *développements successifs*. Ce fut l'illustre Swammerdam qui démontra le premier cette proposition, en mettant en évidence la nymphe ou la chrysalide sous les téguments de la chenille, et le papillon sous l'enveloppe de la nymphe. Il comparait gracieusement la chenille à un frais bouton de rose. Sous les sépales du calice, on aurait peine à soupçonner la reine des fleurs, et pourtant tous les pétales y sont repliés sur eux-mêmes et à l'état rudimentaire. Les douces influences d'une tiède température accélèrent le développement, et bientôt la belle fleur épanouit sa corolle et répand son parfum. De même le papillon aux ailes bigarrées se trouvait dans le corps de la chenille; mais à l'état rudimentaire; celle-ci se débarrasse successivement de plusieurs enveloppes grossières, et laisse échapper de son sein le plus beau des insectes.

En contemplant des phénomènes si surprenants, et il faut bien aussi l'avouer, si inexplicables, rendons hommage à la puissance, à la grandeur, à l'inépuisable libéralité du Créateur de toutes choses!

ŒUFS DES INSECTES.

Tous les insectes sont ovipares, à l'exception des pucerons, qui sont ovo-vivipares pendant une saison de l'année. Les œufs des insectes sont généralement très-petits, et se présentent sous la forme de graines de millet, quelquefois excessivement tenues. Ils offrent des couleurs variées, parfois des dessins et des sculptures en relief, disposés avec une symétrie admirable. A l'aide du microscope simple on peut développer ces surprenantes miniatures et admirer la merveilleuse délicatesse du ciseau de la nature dans les mille plis et replis, dans les imperceptibles saillies et cavités de ce miraculeux travail. Que nos arts et notre industrie paraissent bornés, au spectacle de la perfection presque infinie que montrent toutes les œuvres de Dieu !

Les œufs des insectes sont de formes très-différentes, quelquefois très-bizarres. Il y en a d'arrondis, d'ovales, de cylindriques, de plats, de déprimés, de prismatiques, d'anguleux ; quelques-uns sont en forme de poire ou de pomme ;

d'autres en forme de turban, de bateau ou de tambour. Les œufs de la *nèpe cendrée*, vulgairement appelée *scorpion aquatique*, sont oblongs et portent à leur extrémité supérieure une sorte de couronne formée de sept épines ou rayons grêles, qui les fait ressembler à la semence du chardon bénit.

L'excessive fécondité des insectes est bien propre à exciter notre surprise. L'imagination est effrayée à la vue de la multitude incalculable des œufs des poissons, et pourtant les œufs de quelques espèces d'insectes sont encore plus nombreux. Le *bombyx du ver à soie* dépose environ cinq cents œufs; le *cossus ronge-bois*, mille; quelques pucerons, deux mille; la *guêpe* ordinaire, au moins trente mille; les reines des abeilles, au moins quarante ou cinquante mille. Le célèbre micrographe Leuwenhoëck a calculé que la mouche ordinaire des appartements pouvait produire en trois mois plus de sept cent quarante-six mille œufs. C'est en faisant allusion à cette multiplication, presque sans bornes, des insectes, que Linnée a dit avec justesse, que trois mouches consumaient aussi vite qu'un lion le cadavre d'un cheval.

C'est maintenant que nous pouvons admirer le prodigieux instinct qui porte les insectes à déposer ces germes précieux, espoir de leur postérité, dans les conditions les plus favorables au développement futur de la jeune larve qui doit éclore. On s'étonne involontairement en voyant les précautions suggérées par la prévoyance et par la sollicitude la plus éclairée. Quand l'œuf n'est pas revêtu d'une coquille assez solide, il est protégé tantôt par un enduit gommeux de saveur amère, tantôt par une humeur corrosive, quelquefois par une moelleuse enveloppe, composée de poils soyeux que la mère arrache courageusement de son propre corps. Il y a, dans les soins qui entourent la ponte des œufs, mille ruses, mille artifices qu'on ne saurait soupçonner. Tantôt l'œuf est fixé à l'extrémité d'un long pédicule, comme celui de l'*hémérobe perle;* tantôt il est caché dans une fente adroitement pratiquée sur la tige des végétaux, comme celui de l'*hylotome du rosier;* tantôt il est protégé dans un sac de soie, comme celui de l'*hydrophile brun;* tantôt enfin par un étui solide, semblable à un fourreau de cuir, comme celui de la *blatte*. Tout cela est admirable ; mais qui a appris à l'insecte parfait, qui vit du nectar des fleurs, à choisir la plante grossière qui doit nourrir la larve qui doit sortir de l'œuf? Qui le dirige dans son choix, de manière à ce qu'il ne commette jamais la moindre erreur?

N'est-ce pas celui qui entend le cri des petits oiseaux qui demandent leur nourriture ? La *vanesse io* ou le *paon de jour,* un de nos plus élégants lépidoptères, ira toujours déposer ses œufs sur les orties armées d'aiguillons redoutables ; la *nymphale iris,* aux couleurs changeantes, ira placer les siens sur les feuilles du peuplier; le *papillon machaon,* sur le fenouil et sur les autres ombellifères ; la *belle-dame,* sur le chardon aux ânes, sans envier une nourriture plus délicate au *sphinx du laurier-rose,* à la *piéride du chou,* ou à la *piéride du navet.*

Les œufs des insectes éclosent sous l'influence de la chaleur solaire ; mais comme si nous devions rencontrer toutes les merveilles dans l'histoire des insectes, il y en a quelques-uns qui couvent leurs œufs avec une ardeur extrême. La *forficule,* connue vulgairement sous le nom de *perce-oreille,* se tient constamment sur ses œufs, suivant une observation de l'illustre naturaliste Degéer, et la *pentatome grise,* ou *punaise des champs,* selon le même auteur, conduit attentivement ses petits, comme la poule ses poussins.

LARVES DES INSECTES.

En brisant la coquille de l'œuf qui le tenait prisonnier, l'insecte diffère beaucoup de ce qu'il sera plus tard. Il faut être initié aux mystères des transformations pour soupçonner des rapports si obscurs. L'insecte se présente d'abord sous la forme d'un ver ou d'une chenille. Linnée, l'immortel naturaliste suédois, lui a donné, en cet état, le nom de *larve*, qui signifie *masque*, parce que l'insecte est caché sous une apparence trompeuse. La forme générale du corps varie beaucoup chez les larves des différents insectes; jamais elle ne se montre agréable, gracieuse, élégante. On éprouve naturellement une vive répugnance pour ces petits insectes, encore couverts de leurs langes, et il a fallu du courage aux entomophiles pour la surmonter.

Beaucoup de larves sont nues, beaucoup d'autres aussi sont recouvertes de poil ou d'épines. Quelques-unes n'ont que de petits bouquets d'un léger duvet, d'autres sont vêtues de délicates villosités, d'autres sont extrêmement velues. C'est un ornement, autant qu'un moyen de préservation. Cependant il y a des chenilles qui en reçoivent d'importants services; elles sont garanties, par ce moyen, contre les suites de chutes violentes ou de frottements douloureux.

Le corps des larves est souvent paré des couleurs les plus variées, les plus riantes et les plus riches. Il est généralement d'une teinte uniforme, analogue à la couleur de la plante qui doit nourrir la larve, avec des bandes, des taches, des gouttes rouges, jaunes, vertes, bleues, noires, de toutes les nuances et de tous les tons. Ce sont parfois d'élégantes broderies, des dessins admirables, des lignes qui ondulent et serpentent avec un caprice plein de goût, des festons qui se découpent d'une façon charmante. Quand on considère attentivement le vêtement de certaines chenilles, on est étonné de sa magnificence, de son éclat, de sa somptuosité, et si l'on osait vaincre un préjugé, on dirait que les chenilles sont très-belles. Quelques-unes ont une robe riche sans profusion, élégante et distinguée; d'autres ont un habit tigré, barriolé, diapré comme un habit d'arlequin; d'autres sont d'une modestie et d'une simplicité qui ne sont pas dépourvues de grâce.

Les larves ont des dangers à courir et des périls d'autant plus redoutables, qu'elles sont hors d'état, pour la plupart, de s'y soustraire par la fuite. Il faut bien avoir recours à la ruse, quand on n'est pas le plus fort, et quand on ne porte pas d'armes défensives. L'histoire de certaines larves est vraiment curieuse sous le rapport des ressources, de l'adresse et du savoir-faire. Les unes salissent leur robe de poussière, pour se rendre invisibles aux yeux de leurs ennemis; les autres placent sur leur dos un fardeau dégoûtant pour éloigner la voracité des oiseaux; d'autres se suspendent à un fil de soie, jusqu'à ce qu'il n'y ait plus rien à craindre.

La nature a donné à quelques larves des appendices singuliers pour se défendre contre les attaques de leurs ennemis. L'un des plus remarquables de ce genre, est celui dont est pourvue la chenille d'un lépidoptère assez commun, la *diéranure vinule*. Cette larve présente, près de la tête, un tentacule bifide, dont chaque branche est terminée par un bouton criblé de trous comme la pomme d'un arrosoir. Quand on l'inquiète, elle lance, par ces petites ouvertures, à une distance assez considérable, un liquide caustique qui cause une douleur très-vive lorsqu'il vient jusqu'aux yeux. Outre cette arme, cette chenille en possède une autre non moins singulière, dans la queue fourchue qui termine son abdomen. C'est un véritable fouet, à l'aide duquel elle chasse les ichneumons qui viennent l'attaquer.

La larve de la *chrysomèle du peuplier* présente, sur les côtés de son corps, de petits tubercules coniques et noirâtres. Quand elle craint quelque danger, elle laisse couler par le sommet de ces tubercules une humeur blanche, d'une odeur forte et nauséabonde.

La chenille d'une espèce du genre *io*, a le corps tout couvert d'épines longues et rugueuses, terminées par une pointe aiguë qui cause une douleur poignante en pénétrant dans les chairs. D'autres chenilles américaines, épineuses, produisent le même effet; telle est, entre autres, celle gigantesque de la *cérocampe royale*, de l'Amérique du nord, qui vit sur le platane. Elle porte derrière la tête sept ou huit épines robustes, de près de trois centimètres de longueur, et lorsqu'on l'inquiète, elle relève la tête et la secoue avec vivacité. Cette attitude menaçante et ces redoutables épines la rendent un objet de terreur pour le vulgaire, qui la craint à l'égal du serpent à sonnettes, et lui a donné le nom de *diable cornu du platane*.

Les insectes, à l'état de larves, se distinguent par une insatiable voracité, et font une énorme consommation de nourriture. C'est alors surtout que les ravages des espèces nuisibles sont à redouter. A mesure que la larve grandit, elle est obligée de changer de peau, parce que ses téguments ne sont jamais élastiques. Un ou deux jours avant la mue, la larve cesse de prendre de la nourriture; elle devient faible et languissante; ses couleurs se flétrissent, elle cherche une retraite où elle puisse subir en sûreté cette crise maladive, trop souvent fatale. Après quelques heures de mouvements pénibles, d'oscillations fatigantes, d'agitations convulsives, le moment critique arrive : la peau se fend sur le dos, la tête se partage en trois pièces triangulaires, la larve se dégage peu à peu de sa prison. Ces violents efforts l'ont épuisée; elle demeure engourdie pendant quelques instants; mais quelques repas bons et copieux lui ont bientôt rendu toute son énergie et toute sa vivacité.

C'est sous cette forme que le plus grand nombre dss insectes passent la majeure partie de leur existence : il y a néanmoins des différences extrêmes entre eux, relativement à sa durée. Les larves de la *mouche de la viande* atteignent toute leur taille et sont prêtes à se changer en nymphes en six ou sept jours; les larves des abeilles, en vingt jours; tandis que la larve du hanneton vit au moins trois ans; celle de l'*oryctès nasicorne*, un de nos plus grands coléoptères indigènes, quatre ou cinq ans ; et la larve du *lucane cerf-volant,* jusqu'à six ans.

NYMPHES DES INSECTES.

Les larves arrivées à leur complet développement, se préparent par quelques dispositions préliminaires à entrer dans le profond sommeil qui doit les conduire à une vie plus distinguée. Elles sont poussées par un instinct, inexplicable comme tous les actes instinctifs, à entrer dans une nouvelle période, la plus noble de leur existence, mais aussi malheureusement la dernière. Dans le sentiment de leur faiblesse, dans la crainte des dangers qui doivent les environner, elles cherchent un asile solitaire dans lequel elles puissent s'endormir en toute sécurité. C'est alors qu'on les voit errer de tous côtés, remplies d'inquiétudes et comme hors d'elles-mêmes ; elles s'en vont diligemment à la découverte d'un bon et sûr gîte. Elles s'arrêtent et se fixent dans le premier endroit qui leur semble convenable, dans une fente d'arbre, dans une crevasse de muraille, sous des feuilles mortes, sous des mousses. Satisfaites d'avoir trouvé un abri qu'elles jugent favorable, elles disposent promptement et proprement leur nouveau domicile, et, comme appesanties par un faix invincible, elles ne tardent pas à tomber dans un lourd sommeil, semblable à la mort. Quelques espèces privilégiées n'ont pas besoin d'aller à la recherche d'une habitation; elles ont le talent de s'en construire une, belle, chaude, commode, bien close et bien sûre. Elles filent une coque de soie, douce et moelleuse enveloppe, dans laquelle elles s'enferment parfaitement, comme dans une chambre sépulcrale.

Les larves prennent alors une nouvelle forme et le nom de *nymphes* ou de *chrysalides*. Les nymphes ne sont pas généralement gracieuses dans leurs formes, elles ressemblent assez à ces momies égyptiennes, dont les membres sont fortement collés le long du corps et qui ne présentent qu'une masse emmaillottée des pieds à la tête. Leur corps n'est pas orné de couleurs variées et brillantes, à l'exception de quelques chrysalides tachetées d'or et d'argent; il est vêtu dans la plus grande simplicité, couvert de teintes sombres, obscures, tristes et comme de deuil. Engourdies dans une immobilité complète, qu'avaient-elles besoin d'être si pompeusement parées?

Les insectes demeurent à l'état de nymphes pendant un espace de temps très-variable, suivant les espèces. Quelques-uns sont prêts à prendre leur essor au bout de deux ou trois jours, tandis que d'autres sont endormis pendant plusieurs mois, et quelquefois pendant plusieurs années. L'observation attentive pourrait faire connaître la maturité de la nymphe et faire prévoir l'époque à laquelle doit sortir l'insecte parfait. Cette délivrance a lieu d'une manière admirable dans sa simplicité. Le plus souvent, la nymphe se fend par le milieu du dos, et l'insecte en sort avec quelque peine, en tirant successivement ses membres de leur enveloppe, comme d'un étui. Parfois, de la partie antérieure de la nymphe, il se détache une petite calotte ou segment sphérique, et par cette porte circulaire, l'insecte parfait trouve une issue convenable. Quand la nymphe est pourvue d'une coque soyeuse, l'animal est pourvu à sa naissance d'une liqueur particulière, d'une sorte de *méconium*, destiné à produire un ramollissement partiel, propre à faciliter la séparation du tissu.

Qui pourra jamais comprendre et expliquer les mystérieuses métamorphoses des insectes? Ne pourrions-nous pas considérer cette mort féconde, ce tombeau transitoire, comme les emblêmes de la mort et du tombeau du chrétien, qui ne s'endort quelque temps au fond du sépulcre, que pour y reprendre plus tard une vie plus glorieuse et plus belle !

ESQUISSES

ENTOMOLOGIQUES.

Coléoptères.

LES CICINDÈLES.

Au premier rang des coléoptères se placent les carnassiers, et à la tête de ceux-ci les brillantes et légères cicindèles. Les coléoptères carnassiers sont généralement agiles, intrépides, avides de meurtre, et, semblables aux carnivores des classes supérieures, ils dédaignent les proies mortes, et ne s'attachent jamais à celles qui répandent déjà les exhalaisons repoussantes de la décomposition. Aux instincts du carnage et de la destruction unissant l'audace et le courage, ils aiment le libre exercice de la chasse:

ce sont les lions et les tigres du petit monde des insectes. Possédant dans leurs longues mandibules arquées, garnies de pointes et de dentelures aiguës, des armes terribles, ils se jettent dans le danger, avec le sentiment de leur force et de leur puissance. C'est un spectacle vraiment curieux, d'observer ces insectes vifs, bons coureurs, montés sur leurs grandes pattes, porter fièrement la tête haute et dresser pompeusement leurs belles antennes filiformes qu'ils agitent gracieusement.

Les cicindèles sont faciles à reconnaître à leur tête transversale ; à leurs gros yeux, à leur corselet arrondi, à leurs mandibules fortement recourbées et à leurs mâchoires hérissées de poils. Ce sont des insectes largement partagés des dons de la nature. Outre l'exquise odeur de rose qu'ils exhalent par transpiration, ils offrent des couleurs riches et variées. La *cicindèle champêtre* nous présente un vêtement d'un vert agréable, relevé de lignes métalliques sur ses bords, et élégamment chargé de cinq petits points blancs. L'abdomen réfléchit les nuances les plus éclatantes du rouge cuivreux et du vert bronzé : un moelleux duvet recouvre et protège de ses délicates villosités le sternum et la base des membres. La *cicindèle hybride* porte un habit terne, mais bordé sur les sutures de lignes cuivreuses et varié de deux taches blanches en croissant, et sur le milieu d'une bande sinueuse. Ces insectes sont vifs, lestes, forts, essentiellement carnassiers. Ils se plaisent, pendant la plus grande chaleur du jour, dans les lieux solitaires, secs et sablonneux, occupés à poursuivre les petites mouches et les autres petits articulés qui composent leur nourriture, sur lesquels ils tombent avec une légèreté et une précision surprenantes. Leur vol est rapide, mais limité dans son étendue. Habile à éviter la main qui veut la saisir, l'agile cicindèle change à chaque instant de direction, et quand on croit la tenir captive, elle se trouve déjà loin de tout danger.

La larve de la cicindèle champêtre est douée d'un instinct bien remarquable. Elle est hexapode et de la forme d'un gros ver. Elle se creuse avec des fatigues inouïes un trou cylindrique profond, dans lequel elle établit sa demeure. Avec sa grosse tête elle en ferme exactement l'entrée, et se tient patiemment en embuscade jusqu'à ce que le hasard lui amène quelque proie. Elle attend quelquefois longtemps, car le métier de chasseur est un métier de patience. Quand un insecte imprudent vient pour son malheur à passer sur ce pont fatal, un mouvement de bascule le fait soudain rouler au fond du précipice, où deux fortes mandibules le déchirent et le dévorent. C'est ainsi que la ruse peut suppléer à la force et à la légèreté.

LES CARABES ET LES CALOSOMES.

Les carabes et les calosomes sont, parmi les insectes chasseurs, les plus intrépides et les plus redoutables par leur taille, par leur force et leur voracité. Ils sont pourvus d'armes. Ce sont de fortes mandibules pointues, qui brisent et broient sans peine le corps des pauvres petits insectes devenus leur proie. La fuite, souvent le seul refuge du moins fort, ne saurait soustraire leurs victimes à leur avidité et à leurs mâchoires meurtrières. Légers à la course, montés d'ailleurs sur de longues jambes, ils atteignent promptement ceux qui cherchent à les éviter. Heureusement pour la gent articulée, la plupart des espèces sont attachées à la terre sans pouvoir s'élever par le vol. Leurs ailes supérieures sont intimement soudées, et ne recouvrent point d'ailes membraneuses.

Les carabes se font remarquer aux traits suivants : leur physionomie est stupidement féroce; leur corps est ovale et convexe; la tête porte de longues antennes filiformes; le corselet est élégamment découpé en cœur; les élytres sont légèrement rebordées; les pattes sont fortes et robustes. Le *carabe doré*, désigné dans nos campagnes par le nom de *sergent*, se fait distinguer par son uniforme brillant, d'un vert doré, et par ses pieds et ses antennes pâles. Le *carabe purpurin* est beaucoup plus allongé que son frère le sergent, et le bord de ses élytres présente de belles nuances violettes et purpurines. Le *carabe bleu* se reconnaît parmi les autres à son bel habit bleu d'azur. Tous les carabes répandent une odeur forte, pénétrante, nauséabonde, analogue à celle de quelques plantes vénéneuses : elle est due à une sorte de transpiration onctueuse. Si on les saisit sans précaution, ils lancent au visage, et souvent dans les yeux, un liquide âcre, caustique et très-fétide. Défiez-vous surtout du *carabe purpurin* et du *procruste chagriné*. Tous ces insectes se tiennent le plus ordinairement sous les pierres, sous les mousses et sous les gazons.

Les calosomes méritent bien à tous égards la dénomination qu'on leur a imposée. Leur nom est composé de deux mots grecs qui signifient *beau corps*. En effet, les calosomes sont parés des plus somptueux ornements. Le *calosome sycophante*, le plus commun, se fait remarquer autant par ses formes élégantes, que par la richesse de ses vêtements : son corselet, taillé en cœur, comme celui des carabes, est peint d'une couleur bleue, ternie par un léger glacis brunâtre ; ses élytres, arrondies, brillent de tout l'éclat de l'or le plus fin et le mieux poli, tandis que son abdomen, couvert plus modestement, ne se distingue que par une couleur azurée, mêlée de violet et de noir. Le calosome est plus solitaire que le carabe ; il ne se trouve que dans les bois ; ses mœurs n'en sont pas moins cruelles. Réaumur, dans ses célèbres mémoires sur l'histoire naturelle des insectes, nous a fait connaître un trait de barbarie que nous ne devons pas laisser ignorer. La larve de calosome sycophante se nourrit habituellement de chenilles. Pour se procurer des vivres plus abondants, elle va établir son domicile au milieu même du nid des chenilles processionnaires. Celles-ci, paisibles et débonnaires, ne se défient nullement de la fourberie et des mauvaises intentions de leur nouvel hôte, et au moment où elles s'y attendent le moins, le traître en fait un horrible carnage. Sa mauvaise foi et sa gloutonnerie sont quelquefois punies par elles-mêmes, le malheureux périt victime de sa gourmandise.

LES BRACHINES ET LES HARPALES.

Nous avons vu et admiré des insectes merveilleusement organisés pour l'attaque; examinons maintenant quelques espèces auxquelles le Créateur, dont la Providence n'a pas oublié jusqu'au plus imperceptible brin d'herbe, jusqu'au plus chétif vermisseau, a donné d'ingénieux moyens de défense. Les brachines, comme malheureusement tous les êtres faibles, sont exposés à mille dangers sans cesse renaissants. Ce sont des insectes de petite taille, mais aux formes d'une élégance et d'une coquetterie remarquables. Leur corselet svelte et allongé se détache en rouge, sur des élytres vertes ou bleues; leur tête de couleur ferrugineuse porte gracieusement deux jolies antennes. Leurs mouvements sont vifs, pleins de pétulance, dirigés par une brusquerie charmante. L'œil s'arrête avec ravissement à les considérer dans leurs courses vagabondes. Les brachines se mettent à l'abri sous les pierres, dans les lieux secs et chauds, ordinairement en troupes nombreuses. Il n'est pas rare cependant d'en trouver des individus errant à l'aventure. Leur faiblesse semble les mettre à la merci de leurs adversaires, et la plupart succomberaient infailliblement sans une inconcevable propriété dont ils jouissent. A la partie inférieure de l'abdomen se

trouve un petit réservoir contenant un liquide, de nature acide, qui a la propriété de détonner en se vaporisant subitement au contact de l'air. Quand un pauvre petit brachine se voit poursuivi par un grand carabe, ou par quelque autre impitoyable chasseur, il a recours à son unique moyen de résistance : il fait entendre une légère explosion, et aussitôt on voit une fumée blanchâtre sortir de dessous ses élytres. La vapeur est caustique et dangereuse. Le chasseur étonné s'arrête, il hésite, souvent il rebrousse chemin. S'il se hasarde à continuer sa poursuite, il se voit assailli de nouvelles et terribles explosions. Les espèces indigènes, du genre intéressant des brachines, doivent à cette arme défensive si extraordinaire leurs noms de *brachine pétard*, de *brachine à explosion*, de *brachine pistolet*, etc.

La nombreuse ou plutôt l'interminable série des harpaliens se trouve rangée par les naturalistes à la fin de la tribu des carabiques. Elle forme un groupe très-difficile à bien connaître, à cause de l'infinie variété des formes et des couleurs. C'est toujours le même type général avec des modifications imperceptibles. Les harpales sont peut-être les coléoptères les plus répandus. Leur habit est de couleur obscure, quelquefois avec des reflets métalliques; leur tête est ornée d'antennes filiformes; leur abdomen est souvent cuivreux; leurs pattes sont pâles. Dès les premiers jours du printemps, jusqu'à la fin de l'automne, on en rencontre des légions sous les pierres, dans les endroits un peu humides. Leurs mœurs sont assez connues, elles ne révèlent pas un grand instinct. Ce sont de petits chasseurs qui s'attachent au menu gibier et qui font une énorme destruction de larves et de petits insectes de tout genre.

LES DYTISQUES ET LES GYRINS.

Les cicindèles et les carabes sont la terreur de leurs semblables sur la terre, les dytisques et les gyrins sont le fléau des insectes qui se développent pacifiquement dans le sein des eaux. Les carabes sont les brigands et les meurtriers des espèces terrestres; les dytisques sont les corsaires et les pirates des espèces aquatiques. Ces derniers ont une organisation qui les fait navigateurs habiles. Leur corps, convexe en dessous, ressemble à la carène d'un navire, et les tarses aplatis, élargis encore par des soies raides, font l'office de bonnes et solides rames : aussi, rien n'égale la vitesse avec laquelle ils fendent les eaux. Rien n'est curieux comme de contempler, sous un rayon de soleil qui vient éclairer jusqu'au fond des marécages, les troupes nombreuses des dytisques folâtrer ou poursuivre gaiement leur proie! Leurs mouvements se font avec une prestesse incroyable, et en même temps avec une aisance, avec une facilité, avec une élégance rares. Quelquefois, ils se balancent capricieusement, ou se laissent nonchalamment tomber au fond des eaux, comme un grain de sable d'or qui descend en tourbillonnant.

Les dytisques aiment et recherchent l'eau, comme leur élément naturel, et cependant ils ne sont point étrangers aux plaisirs de la terre et de l'air. Quand ils sont las de leur humide séjour, ou bien quand ils sont poursuivis par de robustes ennemis, ils se retirent dans les herbes du rivage; ils vont se promener sur la terre ferme. Si la fantaisie les y sollicite, ils déploient leurs ailes et prennent joyeusement leur essor. Enfin, fidèles à leur élément de prédilection, quelquefois pour échapper au bec des oiseaux trop avides, ils reviennent au milieu de leurs lacs et de leurs étangs reprendre leurs habitudes accoutumées, et recommencer leurs courses folles. Habitants de la terre, de l'air et de l'eau, les dytisques sont des animaux privilégiés : quel homme n'a jamais envié leur sort?

« Mais ce n'était pas assez, dit M. Duméril (1), que la conservation de l'insecte fût assurée sous l'état parfait; la larve nue, n'ayant pour défense que ses mandibules, est obligée d'user d'artifice, pour se soustraire à la voracité de ses nombreux ennemis. Aussitôt qu'elle se sent saisie par quelque oiseau aquatique ou par quelque poisson, son corps, dont les anneaux étaient distincts et rapprochés par les muscles, devient flasque et mollasse; il s'allonge; sa peau âpre, coriace et couverte de

(1) Consid. gén. sur les Insectes, in-8°.

boue, s'abandonne aux inflexions diverses, cède aux tiraillements, résiste imperturbablement aux piqûres, aux déchirures légères, sans manifester le moindre signe de vie, et ressemble à celle d'un cadavre dans un état de demi-putréfaction, probablement dans le but de dégoûter la convoitise des animaux qui ne dévorent que des proies vivantes. »

Les gyrins, vulgairement connus sous le nom de *tourniquets*, se tiennent constamment à la surface des eaux tranquilles, où on les voit tracer des lignes circulaires qui se coupent, se mêlent, s'entre-croisent dans tous les sens. A les voir prendre leurs ébats et promener vivement leurs capricieux méandres, on dirait de petites étincelles brillantes agitées sur les eaux par une force inconnue. Les yeux des gyrins sont admirables dans leur organisation; ils sont partagés en deux, de manière qu'une partie reçoit l'image des objets inférieurs, tandis que l'autre reçoit la perception des objets situés hors de l'eau. Qui pourrait surprendre des insectes si clairvoyants? Ils évitent la dent des poissons en s'élançant dans l'air; ils échappent au bec assassin de l'hirondelle en plongeant subitement.

Admirons la bonté de Dieu qui a donné de si étonnants instincts et de si surprenants moyens de conservation à de chétifs animaux! Puisque sa paternelle sollicitude s'étend à de pauvres petits insectes, comment n'entourerait-elle pas de soins prévenants l'homme doué d'intelligence, l'homme, le roi de la création!

LES STAPHYLINS.

Partout où la chasse est facile et le gibier abondant, on est sûr de rencontrer des staphylins. Ils aiment les lieux frais et humides, parce qu'ils sont peuplés d'une grande quantité de petits insectes qui fuient les ardeurs du soleil. Ils recherchent encore les prairies et les haies couvertes de fleurs; ils se plaisent sous les feuilles, sous les écorces, dans les plaies de certains arbres; ils se promènent dans les sentiers peu fréquentés, ils rôdent même quelquefois sur les grands chemins. Quelques espèces, repoussantes par leurs goûts dépravés, se laissent attirer par les matières végétales ou animales en décomposition.

Les staphylins sont carnassiers, mais ils ne doivent pas être comparés aux carabes, ni aux harpales. Ceux-ci se font remarquer par une voracité insatiable, par une basse gourmandise, par une gloutonnerie honteuse; ceux-là, au contraire, tempèrent leurs mœurs cruelles comme chasseurs, par des habitudes plus nobles et plus distinguées. Ils sont braves, courageux, intrépides; le danger les étonne sans les déconcerter. Ils savent effrayer leurs ennemis par une attitude menaçante; comme le scorpion, ils relèvent leur abdomen au-dessus de leur dos, et, dans cet état, ils se retirent lentement, battant en retraite, plutôt que prenant la fuite. A leur posture décidée, à l'assurance de leurs mouvements, à la fierté de leur démarche, on comprend sans peine qu'ils doivent posséder des armes redoutables. En effet, ils sont munis de deux mandibules pointues, d'une force et d'une dimension propres à inspirer la terreur, et à l'extrémité de leur abdomen, ils portent deux petites vésicules blanches, qui répandent une odeur forte et caustique. Les staphylins ont confiance dans leur armure, et ils peuvent passer à bon droit pour les plus intrépides des coléoptères.

Tous les staphylins sont faciles à reconnaître au premier abord à leur abdomen allongé et à leurs élytres raccourcies. Leur tête est généralement grosse, leur corselet bien développé. Ils sont montés sur de bonnes et solides pattes, et, mieux partagés que plusieurs carabiques, ils volent avec promptitude et aisance : agiles à la course, ils ne sont pas moins habiles au vol. Semblables à beaucoup d'animaux, et nous pourrions ajouter, si nous l'osions, à un certain nombre d'hommes, ils abusent de leurs facultés : leur activité dégénère en pétulance et en étourderie, leur courage en témérité ; dans leur vol trop précipité, ils viennent imprudemment se heurter à tous les obstacles.

Le géant de la tribu des staphylins et une des espèces les plus communes dans toutes nos campagnes, le *staphylin odorant*, se tapit ordinairement sous les pierres, et recherche les lieux sombres et peu fréquentés. Il est vêtu d'habits de deuil ; tout son corps est noir et d'un ton très-foncé. Le *staphylin bourdon* se fait distin-

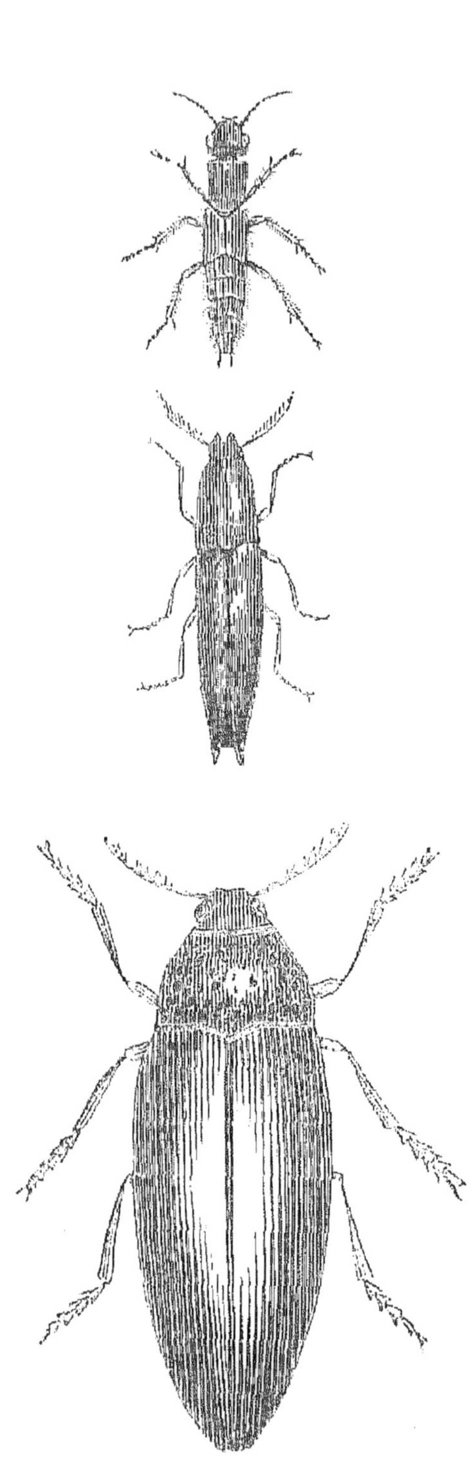

guer par les délicates villosités de diverses couleurs qui forment son vêtement et sa parure. Il ne faut pas oublier le *staphylin érytroptère*, remarquable par la belle couleur écarlate de ses élytres. Accordons, en terminant, une mention honorable au *pédère littoral*, charmant insecte, à la taille allongée, aux élytres luisantes et violacées, au corselet rouge, à la tête mobile, parée de deux antennes élégantes.

LES BUPRESTES ET LES TAUPINS.

Les buprestes et les élatérides ou taupins composent la famille des *sternoxes*, ainsi nommés à cause d'un appendice remarquable du sternum. C'est dans cette famille qu'on rencontre la forme la plus élégante, unie à l'éclat des couleurs les plus riches et les plus splendides. Il est impossible, en examinant ces brillants insectes, de ne point admirer l'inépuisable libéralité de celui qui a semé tant de beautés dans le monde, et qui a vêtu si somptueusement les insectes et les lis des champs!

Les buprestes marcheraient à la tête de tous les insectes, si la prééminence était due à la richesse de l'habit. Leur nom, fondé sur un préjugé injuste, avait été changé par l'entomologiste français Geoffroy, en celui de *richard*, pour rappeler les couleurs métalliques de leur vêtement. Il serait vraiment difficile de concevoir quelque chose de plus magnifique que leur parure pleine de luxe. L'or le plus resplendissant y mêle son éclat à celui de la pourpre et de l'azur. L'acier bruni, l'argent le plus étincelant s'y confondent avec le rubis, le saphir et l'émeraude. Aussi, les grandes espèces des Indes sont-elles montées, comme des pierres précieuses en bagues, en colliers ou en pendants d'oreilles. Elles font l'ornement des collections d'histoire naturelle. Ces insectes, si largement partagés des faveurs de la nature, doivent toutes leurs beautés au climat qu'ils habitent. C'est aux rayons d'un soleil brûlant qu'ils allument le feu de leurs éblouissantes couleurs, comme tous les êtres qui se développent sous la double influence de la lumière et de la chaleur. Les petites espèces qui vivent dans nos contrées froides ou tempérées, ne partagent que d'une manière incomplète les brillants attributs de leurs frères. A la pâle lumière du soleil du nord, la vivacité des couleurs blanchit et s'éteint.

Les élatérides ou taupins forment une nombreuse phalange : ils sont vulgairement connus sous le nom de *sauteurs*. Ils sont doués d'une faculté très-singulière qui répand un certain intérêt sur leur histoire. Les taupins ont les pattes excessivement courtes, et la partie supérieure du corps très-aplatie, de manière que, renversés sur le dos, il leur serait complétement impossible de reprendre leur position naturelle. Ils auront beau s'épuiser en efforts, leurs tentatives seront vaines. Il faudra donc se résigner à mourir. Admirons la sage prévoyance du Créateur! Par le secours d'une organisation bien simple, et merveilleuse par sa simplicité même, ils peuvent se délivrer immédiatement d'une position critique. Ils détendent subitement une espèce de ressort situé sous la poitrine, s'élèvent à une certaine hauteur, et retombent sur les pattes. Ce ressort consiste en une pointe dure, mousse, qui entre par frottement dans une sorte de cavité creusée à la partie antérieure du mésothorax. C'est par le jeu de cette machine si peu compliquée que les jolis taupins évitent la gêne d'une situation périlleuse et se soustraient à une mort assurée. Les taupins sont, dans nos campagnes, sous la protection spéciale des enfants. Il est sévèrement défendu de leur faire aucun mal et de les tourmenter. S'exposerait à un grand malheur quiconque mutilerait cruellement ou aurait la barbarie de mettre à mort ces charmants insectes, qui partagent l'innocence et les bonnes qualités des bêtes-à-Dieu.

Une espèce exotique bien curieuse, le *pyrophore luisant* jouit de la propriété de la phosphorescence pendant la nuit. On observe sur les parties latérales du corselet deux petites taches brunes, qui resplendissent, dans l'obscurité, d'un éclat phosphorique très-vif. On dirait, dans les forêts du Nouveau-Monde, une petite torche vivante qui promène partout sa vacillante clarté, ou plutôt quelques légers feux-follets qui roulent et tourbillonnent en l'air. Au rapport des voyageurs, cet insecte rend quelques services aux indigènes du pays qu'il habite. On a raconté que sa lumière était assez vive pour éclairer le travail des femmes indien-

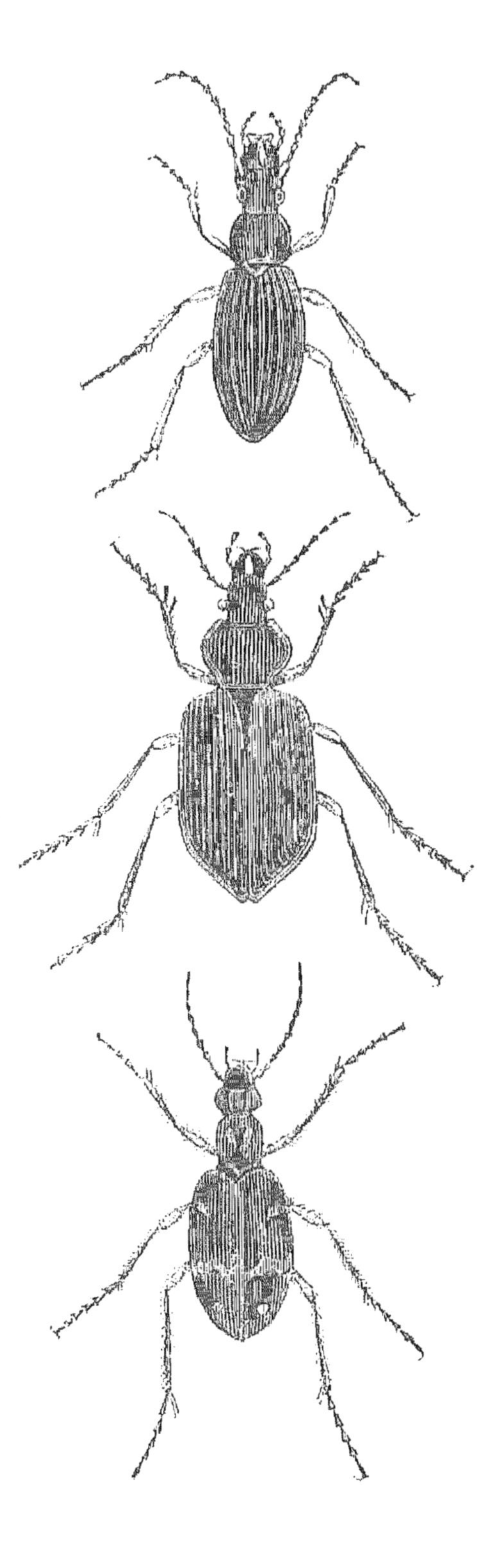

nes, et que les sauvages de l'Amérique méridionale l'attachaient à leurs pieds pour se conduire dans leurs voyages nocturnes.

LE LAMPYRE ET LES LUCIOLES.

Le lampyre est bien connu de ceux qui ont passé les beaux jours à la campagne, à cause de la lueur phosphorique qu'il répand dans l'herbe et dans les buissons, lorsque la nuit commence à voiler la terre. Toutes les parties de son corps ne sont pas indifféremment douées de cette étonnante faculté de la phosphorescence; la partie lumineuse est située à l'extrémité inférieure de l'abdomen, où elle se distingue, à la clarté du jour, comme une tache d'un fauve clair. Tout est extraordinaire dans l'admirable privilége dont jouit le lampyre; dans notre climat, la femelle seule, quoique aptère, possède cette surprenante propriété. Elle peut, suivant sa volonté, allumer ou éteindre son merveilleux flambeau. Dans les belles nuits d'été, elle apparaît comme une petite étoile tombée dans les herbes ; elle brille et scintille comme une escarboucle perdue dans les bois. Si elle redoute le moindre danger, si de gros nuages noirs montent à l'horizon, si l'atmosphère en feu présage une tempête, elle éteint prudemment son flambeau et va se cacher sous les feuilles ou sous les écorces des arbres. L'esclavage flétrit et tue tout. Captive loin des lieux fortunés où brillait chaque soir son mystérieux fanal, elle ne tarde pas à perdre et ses dons et la vie. L'air des champs, le parfum des bois, l'influence de la liberté peuvent seuls conserver aux animaux et leurs admirables instincts et les merveilleux présents que leur a prodigués la nature. La main de l'homme flétrit tout ce qu'elle touche ; les fleurs se fanent ; les légers papillons se décolorent ; les oiseaux les plus gais se taisent et languissent ; les lampyres voient leur feu brillant jeter une dernière étincelle et s'évanouir pour toujours.

On a comparé le génie au joli petit lampyre. Le génie sans entraves brille, et brille sans cesse au milieu des ténèbres de l'ignorance et des ombres de l'envie. Otez la liberté, vous

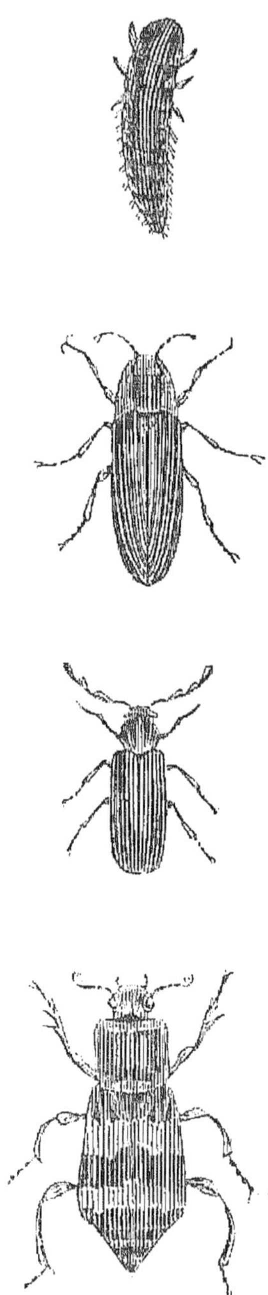

détruisez l'inspiration, vous éteignez la flamme sacrée!

L'Italie possède une espèce de lampyre encore mieux partagée que celle de notre pays. Les deux sexes sont pourvus d'ailes et jouissent de la même propriété. Les *lucioles*, en leur conservant leur nom italien, glissent et voltigent dans les airs en longues phalanges lumineuses. On dirait une fine pluie d'étoiles qui se détachent de la voûte du ciel et qui se balancent dans l'atmosphère. C'est un spectacle qui surprend vivement les voyageurs, quand, pour la première fois, ils voient ces vivantes étincelles voltiger de fleur en fleur et s'élancer par milliers comme du foyer d'un incendie.

La figure ne répond pas toujours aux belles qualités. Le rossignol, le musicien des bois, a le plumage terne, le ver à soie est repoussant, la cochenille est hideuse, le luciole d'Italie est revêtu de couleurs très-modestes. Sa tête, ses antennes et ses élytres sont brunes; son corselet, sa poitrine et ses pattes sont fauves; son abdomen est noir, avec les deux derniers anneaux d'un jaune clair et vif. La taille n'est point élégamment prise, l'aspect général n'a rien de distingué.

Dieu distribue ses dons d'une manière inégale et comme il lui plaît; soyons satisfaits de la part qui nous est échue, sans porter envie à nos frères!

LA VRILLETTE.

La *vrillette* a été ainsi nommée parce qu'elle a l'habitude de percer le bois de trous d'un diamètre étroit et parfaitement ronds. C'est un petit coléoptère aux couleurs sombres et ternes, aux allures lentes et craintives, aux mœurs cachées et furtives. La tête, munie de mandibules solides, est engagée profondément dans le corselet, les élytres sont généralement obscures et quelquefois légèrement tachetées. Avec une physionomie si inoffensive, avec des apparences si modestes, la vrillette est un animal dangereux par les ravages qu'elle cause dans les boiseries des appartements et surtout dans les pièces de charpente. La larve, armée de mâchoires dures et bien aiguisées, se creuse dans le bois de longues galeries sinueuses, qui s'entre-croisent dans tous les sens : en peu de temps elle fait des dégâts d'autant plus à redouter qu'ils sont irrémédiables.

Beaucoup d'insectes savent éviter les embûches de leurs ennemis par une foule de ruses et d'artifices. C'est un combat où la finesse et la supercherie triomphent souvent de l'audace et de la force. La vrillette n'a pas des ressources multipliées, elle ne connaît qu'un stratagème. Quand elle craint quelque danger, quand on veut la saisir, elle glisse légèrement et se laisse tomber. Elle retire subitement ses antennes et ses pattes, et, dans une immobilité complète, elle ressemble à un petit fragment de bois desséché. La couleur obscure et pulvérulente de sa robe ne trahit pas sa ruse, parce qu'elle se confond avec la teinte du sol. Rien au monde ne pourrait décider la vrillette, en cet état, à se décéler par le moindre signe de vie. Quelles que soient les tortures qu'on lui fasse endurer, on ne vaincra jamais sa constance; et une espèce, soumise au violent supplice du feu, n'a pas manifesté le plus faible mouvement : c'est à cette fermeté qu'elle doit son nom de *vrillette opiniâtre*. Lorsqu'elle croit tout péril passé, peu à peu elle commence à se remuer, mais doucement et avec précaution, enfin elle s'enhardit et s'enfuit lestement.

Les insectes de ce genre offrent un petit phénomène qui mérite de fixer l'attention. Il arrive quelquefois, lorsqu'on est seul dans une chambre et parfaitement tranquille, que l'on entend un petit bruit régulier, continu, assez semblable au mouvement d'une montre. Quelques personnes l'ont attribué à une araignée, d'autres à l'hémérobe pulsatoire ; la vrillette en est la véritable cause. On s'est quelquefois effrayé de ces bruits étranges, surtout dans le silence et dans l'obscurité de la nuit ; l'imagination frappée avait été jusqu'à les considérer comme un présage de mort. Dans les campagnes, la superstition les nomme encore les *horloges de la mort*. La pauvre petite vrillette, dans ses joyeux ébats, était bien loin de s'imaginer qu'elle causait si grande frayeur !

LES NÉCROPHORES.

Beaucoup d'insectes ne semblent avoir été créés que pour animer et embellir le spectacle de la nature. Beaucoup d'autres ont reçu une destination utile, dont nous ignorons l'importance. Nous aurons occasion de connaître et d'apprécier les immenses services que nous devons à plusieurs espèces. C'est en contemplant attentivement les précautions infinies dont nous sommes environnés, que nous trouvons partout des motifs de reconnaissance envers Dieu. Les nécrophores et quelques autres insectes de la famille des clavicornes, ont reçu pour tâche de débarrasser la terre des débris de la vie animale. C'est donc dans les cadavres en décomposition ou dans leurs dépouilles, que vivent et se développent la plupart des espèces. Ces insectes s'attachent tellement à leur proie, que toutes les parties en sont promptement décomposées. Les uns s'attaquent aux chairs, d'autres préfèrent les tendons, d'autres ne veulent que la peau, d'autres enfin ne recherchent que les plumes et les poils. Chacun, suivant ainsi son goût particulier, concourt au but général. Les éléments qui composent le corps d'un animal sont rapidement rendus à la nature, au lieu de vicier l'air et de porter dommage aux êtres vivants. Comme tout dans la création est soumis à des lois admirables !

Avant d'étudier les mœurs intéressantes du *nécrophore enterreur*, indiquons les principaux traits de sa physionomie. Son aspect général n'est pas aussi dégoûtant que ses habitudes. Sa tête, assez grosse, supporte de belles antennes terminées par un renflement en forme de bouton ; son corselet arrondi, ainsi que son abdomen, est recouvert de poils duvetés ; ses élytres, tronquées, présentent sur un fond noir de larges bandes rouges, transversales et irrégulières. Le *nécrophore germanique* est un peu plus grand que le précédent et tout entier d'un noir opaque, avec une ligne rouge sur le bord des élytres.

Les nécrophores ont la coutume d'enfouir dans la terre les cadavres des petits quadrupèdes qu'ils trouvent à la campagne. Il est fort curieux d'observer les efforts et les ressources de ces animaux pour mener à fin leur hardi projet. Ils se réunissent en grand nombre, pour procéder aux funérailles d'un rat ou d'une taupe. Les uns creusent un tombeau, comme des fossoyeurs, tandis que les autres soulèvent le cadavre au-dessus des travailleurs. On recommence et on pousse les travaux avec une grande activité, successivement dans chaque sens, de façon qu'en vingt-quatre heures, la victime est enterrée dans une fosse de dix à quinze centimètres de profondeur. Toutes les manœuvres nécessitées par un travail si prodigieux ont été parfaitement entendues : maintenant, chaque insecte doit partager les fruits du labeur. Ce n'est point pour eux-mêmes que les nécrophores se livrent à une si vaste entreprise ; c'est pour assurer une abondante nourriture à leur postérité. Ils ont soin, en effet, de déposer leurs œufs dans le cadavre, au sein duquel ils se développeront, sans courir aucun danger.

Les insectes qui partagent les mêmes goûts et les mêmes fonctions que les nécrophores, sont les *boucliers*, les *nitidules*, les *dermestes*, les *anthrènes* et les *escarbots*, tous répandus dans la nature avec une sorte de profusion.

LES HYDROPHILES.

L'histoire de l'hydrophile est devenue fort intéressante, par les observations de Lyonnet, de Dégéer et de plusieurs autres naturalistes, parmi lesquels il ne faut pas oublier M. Miger, auteur d'un savant mémoire publié dans les *Annales du Muséum d'histoire naturelle*. L'*hydrophile brun* est un des plus grands coléoptères de France; son corps, de couleur obscure, est fortement convexe en dessus, tandis que le sternum, relevé en carène, se prolonge postérieurement en une pointe dure et aiguë. Bon nageur, l'hydrophile présente des pattes conformées pour le libre exercice de la natation : les tarses sont comprimés et garnis sur leurs parties latérales de soies raides qui servent à les élargir en forme de rames. L'abdomen, composé d'anneaux très-solides, peut produire un certain

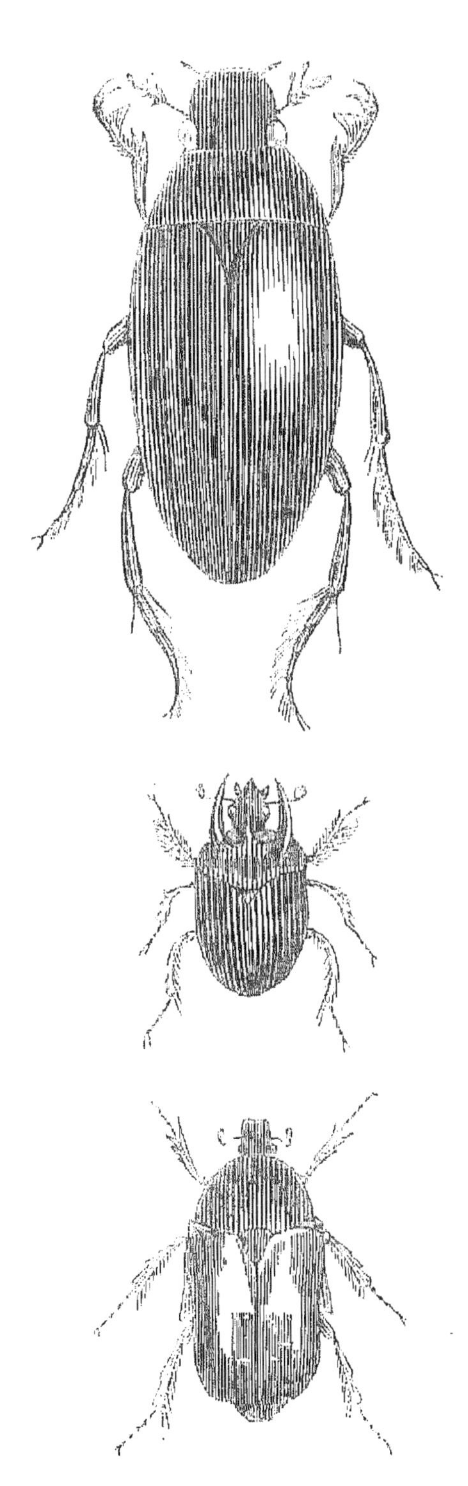

bruit en se frottant sur l'extrémité des élytres. Cet insecte marche très-maladroitement, ou plutôt, sur la terre, il se traîne avec difficulté, mais il nage et vole fort bien.

La particularité la plus frappante dans les mœurs de l'hydrophile brun, c'est que la femelle possède la faculté de fabriquer un petit sac de soie, dans lequel elle renferme ses œufs. Cette espèce de berceau, dans lequel repose un si précieux dépôt, est rempli d'air et flotte sur l'eau. Les œufs y sont maintenus par une sorte de duvet et éclosent au bout de douze à quinze jours. La température de l'atmosphère hâte ou retarde la naissance des larves. Ces insectes ont à peine quitté leur nid, qu'on les y voit rentrer, sortir de nouveau, s'y attacher en groupes, et se jouer tout autour, jusqu'au moment où le besoin de nourriture les force à s'en écarter, et les disperse tous.

Les larves de l'hydrophile ressemblent à des vers mous, allongés, déprimés et noirâtres, pourvus de six pieds et d'une tête écailleuse, armée de mandibules fortes et crochues. Elles sont voraces et carnassières. Non-seulement elles dévorent les autres larves qui se développent sur la vase des étangs, les petits mollusques qui y passent toute leur vie, mais encore le frai des poissons. Leur excessive multiplication dans les viviers est toujours très-funeste à la reproduction des poissons, dont elles sucent quelquefois le sang, en se crampounant fortement à leur ventre. Parvenu à l'état d'insecte parfait, l'hydrophile perd ses mauvaises inclinations et ses goûts déprédateurs. Il se contente d'une nourriture végétale, et mange les feuilles des plantes aquatiques, lorsqu'elles commencent à subir la décomposition.

LES INSECTES STERCORAIRES.

Sous le nom d'*insectes stercoraires*, nous comprenons une très-longue série d'insectes qui se développent dans les matières les plus dégoûtantes. Quoique plusieurs soient ornés de couleurs métalliques et brillantes, une certaine horreur s'attache à leur souvenir, et nous n'en eussions pas parlé, si nous n'y avions vu une occasion favorable de faire remarquer les soins de la Providence jusque dans les plus vils objets. Tout dans la nature est coordonné aux volontés suprêmes de Dieu ; chaque être, appelé à l'existence, est en même temps appelé à remplir une fonction déterminée. Quelque grande que soit notre ignorance sur une foule d'objets dont nous n'apercevons pas la fin, cette fin n'en existe pas moins, prévue et dirigée par la sagesse souveraine. Les insectes stercoraires n'ont pas reçu une destination brillante, mais elle n'en est pas moins d'une incontestable utilité. Ces petits animaux, condamnés à de tristes habitudes, ont pour fonction de balayer, pour ainsi dire, la face de la terre, et de faire disparaitre promptement les immondices qui la souillent. Les miasmes infects et putrides qui s'en échapperaient sans cesse répandraient dans l'air des principes délétères propres à causer des accidents aux êtres qui auraient le malheur de les respirer. Bénissons Dieu qui a envoyé des légions incalculables de petits insectes qui s'attachent aux corps qui subissent la décomposition putride, et en font disparaître promptement jusqu'aux derniers vestiges! C'est surtout dans les pays brûlés par un soleil ardent, où la fermentation et la dissolution sont plus rapides, que les services rendus par ces insectes deviennent sensibles et précieux. C'est, sans doute, par reconnaissance que les anciens Égyptiens avaient rendu les honneurs divins à une grande espèce qui vit dans le nord de l'Afrique, et que nous retrouvons dans l'Europe méridionale; l'*ateuchus sacré* recevait une petite part de l'encens que ce peuple superstitieux jetait d'une main prodigue sur les autels de ses innombrables divinités. On rencontre son image respectueusement gravée sur les monuments les plus antiques de l'Égypte, parmi les autres figures symboliques; on retrouve son effigie en terre cuite, en émail, ou même en pierres précieuses, jusque sous les bandelettes en papyrus des momies.

Les *bousiers*, les *onthophages*, les *aphodies*, les *géotrupes*, répandus dans notre pays avec une incroyable multiplicité, nous procurent les mêmes avantages. Quoique leur existence, plus que modeste, soit ignorée de la plupart des hommes, leurs services obscurs, quand ils sont connus, sont bien propres à exciter notre surprise, et en même temps à faire naitre dans notre cœur un sentiment de reconnaissance envers Dieu, le créateur et le conservateur de toutes choses! L'œil attentif au spectacle de toutes les œuvres de Dieu sait découvrir des preuves de sa prévoyance pleine de bonté, jusque dans les choses où on les soupçonnerait le moins.

LES CÉTOINES, LES HOPLIES ET LES HANNETONS.

Par un beau jour d'été, sur une rose parfumée, vous avez quelquefois observé un gros insecte tout brillant d'or; c'est la cétoine commune. Sa tête, légèrement aplatie, porte deux antennes lamelleuses, son corselet triangulaire est enrichi de couleurs métalliques. Les élytres, non moins éclatantes, sont agréablement variées de petites gouttes blanches et étroites; l'abdomen, recouvert de délicates villosités, se fait remarquer par de belles nuances cuivreuses. La cétoine est sans contredit un de nos plus somptueux insectes. Elle unit l'éclat de la parure à l'élégance des formes ; elle ne dépare point la richesse de ses ornements par des mœurs gloutonnes ni par des instincts destructeurs : elle passe au sein des fleurs sa vie joyeuse et pure.

Le nom de cétoine, donné à ce charmant insecte, ne signifie absolument rien : il se trouve dans Hésiode appliqué à un animal qu'on n'a pas reconnu. Que j'aimerais bien mieux voir conserver à cet insecte, ainsi qu'à beaucoup d'autres, les noms pleins de charme que la religion avait inspirés à la langue pittoresque du peuple. La cétoine était l'*insecte de Sainte-Catherine ;* la chrysomèle du gazon, le *petit mouton de Sainte-Agnès ;* la gentille et innocente coccinelle, l'*insecte de la Vierge*, etc. Toutes ces dénominations fraîches et riantes, empruntées aux croyances religieuses, ne valaient-elles pas bien ces grands mots grecs et latins, si prétentieux et si froids ?

Accordons, en passant, une mention honorable à la *hoplie argentée*, à cause de sa gentillesse et de l'élégance de sa parure : c'est un des plus jolis coléoptères de notre pays. Mais sa beauté, partageant la condition de toutes les beautés d'ici-bas, est passagère et fugitive. Elle est produite par de légères et fines écailles azurées que le moindre attouchement ternit, que le moindre frottement fait disparaître pour toujours.

Les hannetons forment une race détestable à cause des dommages qu'ils nous occasionnent. Avant de paraître sur la terre, ils ont vécu trois ou quatre années dans le sein de la terre, à l'état de larves. Ces larves sont fort connues sous le nom de *vers blancs* et de *turcs*; elles sont molles, allongées, ridées et d'un blanc sale un peu jaunâtre. Quand elles ont pris tout leur accroissement, elles s'enfoncent en terre, à la profondeur de trente à quarante centimètres, cessent de manger, se construisent une maisonnette très-unie et se métamorphosent en nymphes. Le hanneton ne tarde pas à sortir, et il choisit ordinairement le soir d'une belle journée de printemps. Ce n'est point un insecte carnassier, ni avide d'une nourriture immonde : il se contente des feuilles des végétaux. Mais comme il est d'une gourmandise peu commune, ses déprédations causent les plus grands dégâts dans la campagne. A l'état de larve, le hanneton a détruit les racines des légumes et des arbrisseaux ; à l'état d'insecte parfait, il ronge les bourgeons et les feuilles des arbres. C'est surtout à la fraîcheur du soir que le hanneton prend ses ébats, mais il vole si lourdement et d'une manière si étourdie, qu'elle est passée en proverbe.

L'homme n'est pas le seul ennemi que le hanneton ait à craindre : les oiseaux de basse-cour, les oiseaux nocturnes et rapaces lui font la chasse, et plusieurs petits quadrupèdes, tels que les belettes, les rats, les fouines, les blaireaux les recherchent pour s'en nourrir, sous leurs différentes formes.

LES LUCANES.

Le lucane cerf-volant est le géant des coléoptères de notre pays : il peut atteindre jusqu'à huit centimètres de longueur. Il présente une organisation singulière. Ses mandibules sont

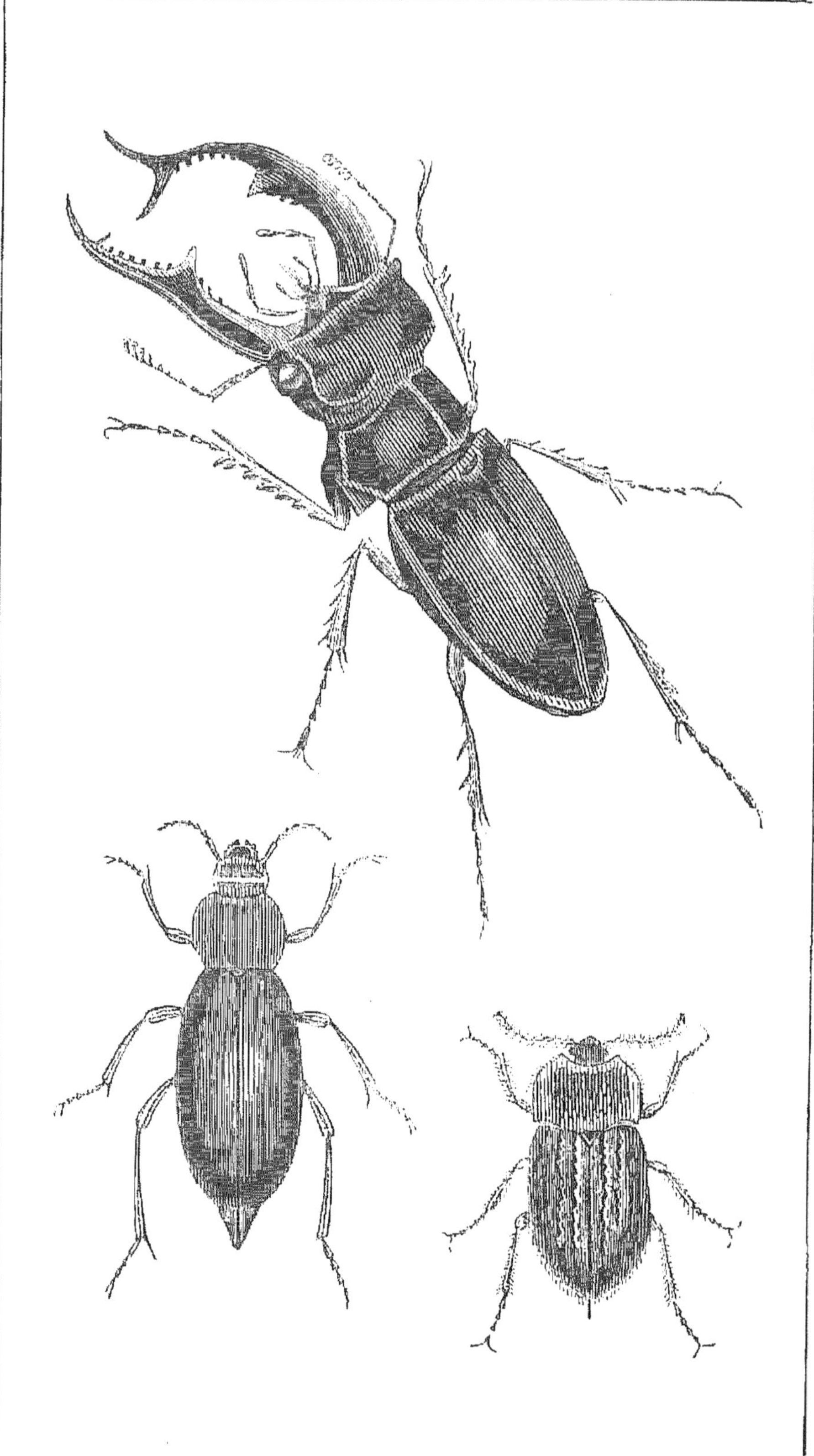

démesurément saillantes, arquées, fortes, dentelées; elles sont mises en mouvement par des muscles énergiques et puissants. Malheur à l'imprudent qui place ses doigts entre ces deux terribles pinces ! Sa tête est très-développée, aplatie sur le sommet, bordée de côtes relevées formant des lignes sinueuses fort élégantes, armée de deux pointes mousses, au-dessus des antennes, échancrée à la partie postérieure, vers le corselet. Les pattes sont vigoureuses et terminées par des crochets aigus. C'est à l'aide de ces crocs recourbés et acérés que l'animal se cramponne solidement sur le tronc et sur les branches des arbres, où il passe sa vie, à l'état parfait.

Le lucane n'est pas dépourvu d'instinct, de hardiesse et de courage. Sa démarche est lente, noble et fière. Sûr de l'excellence de ses armes, il semble ne jamais fuir; il se retire majestueusement en levant ses deux mandibules menaçantes. Il n'est point méchant par nature, il est même assez bénin, aussi les enfants l'aiment-ils beaucoup et le font-ils servir à leurs jeux. Cet insecte vit peu de temps sous sa dernière forme; Dégéer, célèbre naturaliste suédois, pense qu'il se nourrit de la liqueur mielleuse répandue naturellement sur les feuilles du chêne. A la fraîcheur du soir, on le voit prendre ses ébats et voler lourdement autour des grands arbres.

La larve du lucane cerf-volant se développe lentement au sein même des vieux chênes ; comme elle y vit plusieurs années, elle y cause de grands ravages. C'est un gros ver blanchâtre, dont la tête est brune et munie de deux fortes mâchoires destinées à ronger le bois. Que ce bois soit sain et bien portant, qu'il soit mort et desséché, il n'est pas plus soustrait à ses atteintes destructrices. La substance ligneuse la plus dure, malgré la résistance qu'elle offre à la dent cornée de l'insecte, est bientôt réduite en une espèce de tan. Parvenue à sa grosseur, la larve du lucane se prépare à subir sa dernière transformation. Elle n'est pas habile en industrie, et pourtant elle sait construire une sorte de maisonnette avec la sciure du bois qu'elle a rongé. Tous les petits fragments en sont réunis par une espèce de salive tenace qu'elle laisse couler, à cet effet, en assez grande abondance. Renfermée dans sa cellule bien close, la larve tranquille tombe dans un sommeil lourd et profond; elle ne tarde pas à prendre sa figure parfaite.

Le lucane mutilé conserve encore dans ses différentes parties une vitalité extraordinaire et inexplicable. Les membres séparés du tronc continuent de se mouvoir longtemps encore; la tête même arrachée du corselet garde la vie non-seulement pendant quelques heures, mais encore pendant plusieurs jours. Il faut user de précaution en la saisissant, car les mandibules ont assez de force pour mordre jusqu'au sang. La blessure est d'autant plus profonde que les mouvements sont comme convulsifs. Quelle explication pourra-t-on apporter à ce phénomène? Aucune. La physiologie pourra hasarder quelques conjectures, mais elle est impuissante à donner une raison démonstrative. Jusque dans les choses les plus vulgaires et les plus simples, Dieu a gardé ses secrets!

Outre le lucane cerf-volant, on trouve encore dans notre pays le lucane chevreuil et le dorcus parallélipipède.

LES BLAPS ET LES OPATRES.

Les blaps ont fort mauvaise réputation : ce sont d'assez gros insectes de couleur noire, dont le corps exhale une odeur repoussante. Leurs mauvaises qualités, leur forme peu attrayante, leurs mœurs nocturnes et solitaires, tout semble conspirer contre eux. Leur nom est tiré d'un mot grec qui signifie *nuire;* et en effet, ces insectes hideux ne sont bons à rien. Ils ont reçu la dénomination vulgaire de *porte-malheur*, et bien des gens superstitieux seraient encore effrayés de leur présence. C'est à cette opinion, que l'espèce la plus commune doit son nom de *blaps présage-mort*.

Plus innocents et plus curieux, sont les opâtres, insectes très-communs sur les chemins et sur les sables. Pour échapper à l'œil de leurs ennemis, ils ont eu la précaution de se déguiser, de salir leur habit d'une fine poussière qui les confond avec la teinte générale du sol qu'ils

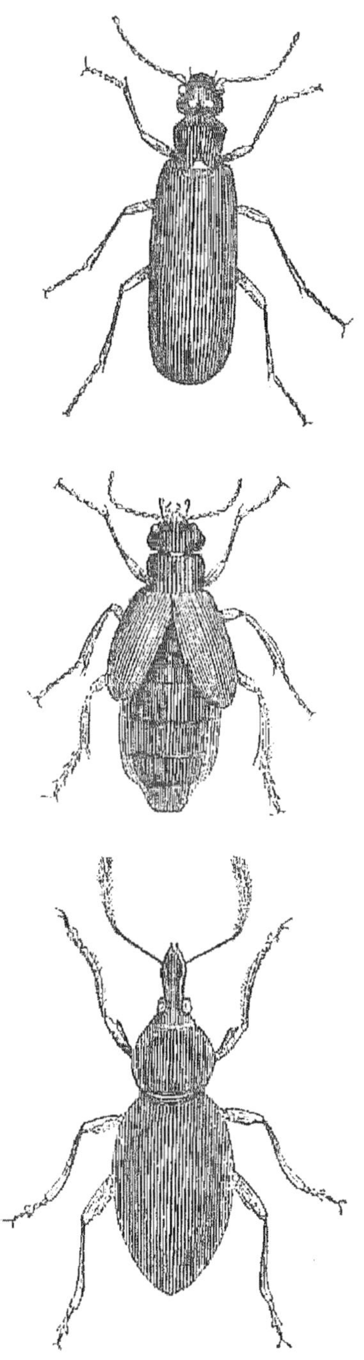

parcourent. A la moindre apparence de danger, ces insectes replient exactement tous leurs membres dans de petites fossettes creusées sur leur corps, destinées à les recevoir, et dans une immobilité complète; ils offrent l'aspect d'un grain de sable, d'un léger gravier ou d'une petite motte de terre. Un œil prévenu a quelque peine à les découvrir. La force a ses avantages, la finesse a les siens aussi. On trouve fréquemment l'*opâtre des sables* et un autre insecte qui s'en rapproche beaucoup, l'*aside grise*.

LES CANTHARIDES ET LES MÉLOÉS.

Les cantharides sont des insectes devenus intéressants par les nombreux services qu'ils nous ont souvent rendus. Combien de malades leur ont demandé la guérison, et combien d'infirmes iront encore leur emprunter le soulagement à leurs douleurs! Quand des humeurs viciées ou trop abondantes viennent détruire l'harmonie qui constitue la santé, c'est à l'aide de la dépouille de ces insectes qu'on parvient à opérer une salutaire révulsion. La cantharide (*lytta vesicatoria*) a été longtemps la bienfaitrice du genre humain. C'est un insecte aux élytres d'un vert-doré, au corselet cuivreux et allongé, aux antennes noirâtres, au corps agréablement élancé. La cantharide vit généralement en société, ou du moins en troupes nombreuses, sur les jasmins, sur les lilas et surtout sur les frênes. C'est sur ce dernier arbre, qu'on voit en été leurs légions odorantes. Tous ces insectes, en effet, répandent une odeur forte, désagréable et tout à fait particulière. Ils se tiennent sur les feuilles, qu'ils rongent avec avidité. Aux mois de juin et de juillet, on les recueille en grand nombre. On les fait périr à la vapeur du vinaigre, et après une complète dessiccation, on les réduit en une poussière très-fine, dont les pharmaciens se servent pour préparer les vésicatoires. Avalée par imprudence, cette poudre devient un poison violent, dont les suites sont toujours extrêmement funestes.

Quelle est la véritable cause de l'espèce de brûlure ou de la vésication produite par la dépouille de la cantharide? Doit-on l'attribuer, comme quelques auteurs l'ont fait, à la couleur métallique qui recouvre l'enveloppe extérieure, ou bien faut-il la chercher dans une propriété spéciale à ces insectes et à quelques autres fort rares? Cette question n'est pas encore très-bien éclairée. On peut affirmer que l'enveloppe tégumentaire des insectes, ornée de couleurs métalliques, produit constamment sur la peau une action inflammatoire. C'est ainsi que plusieurs carabiques et quelques cicindelètes ont paru doués de cette précieuse faculté. Il faut avouer que les méloés et les mylabres, qui ne sont nullement parés de couleurs métalliques, partagent, avec une énergie assez développée, les heureux priviléges des cantharides.

Les méloés sont des insectes à la démarche pesante et embarrassée, à la lourde stature, aux formes arrondies et sans grâces. Elles répandent une odeur désagréable, produite par une humeur jaunâtre qui suinte de toutes les articulations du corps, quand on y porte la main. Sous leurs élytres molles et tronquées, on ne voit pas d'ailes membraneuses. Plusieurs naturalistes ont fait d'intéressantes recherches sur les propriétés vésicantes des méloés, qu'on trouve en si grande abondance dans nos campagnes, depuis le mois de mai jusqu'à la fin de l'automne.

Le genre mylabre nous fournit une nouvelle occasion d'admirer la féconde et inépuisable bonté de la Providence. Les insectes qui s'y rapportent possèdent les mêmes propriétés que la cantharide à vésicatoire, et se trouvent précisément dans les contrées où celle-ci ne se rencontre jamais.

LES CHARANÇONS.

Tous les charançons sont faciles à reconnaître au premier coup d'œil. Voici le trait le plus frappant et le plus significatif de leur physionomie : le front se prolonge antérieurement en une espèce de trompe ou de corne, à l'extrémité de laquelle sont placés les organes de la bouche. La tête, ainsi conformée, leur donne un aspect bizarre; elle est chargée de deux antennes brisées, vers leur milieu, par un angle brusque, à la base desquelles se trouvent les yeux, souvent échancrés et présentant assez bien la forme d'un croissant. Le corps est généralement globuleux et protégé par des élytres très-solides : les épingles à collection s'émoussent presque toujours sur leur peau sèche comme un parchemin, dure comme de la corne. Beaucoup de charançons sont agréablement vêtus de couleurs brillantes et variées. Si dans notre pays nous ne possédons pas le riche charançon que les naturalistes ont nommé *entimus imperialis*, grande espèce couverte d'or, nous possédons de petits charançons fort élégants, qui ne lui cèdent guère pour l'éclat et la vivacité des ornements : ce sont le *rynchites bacchus*, le *rynchites betuleti*, et quelques jolis *polydrusus*.

Soyons avares de compliments envers les charançons, car la plupart des espèces sont malfaisantes. Quelques-unes s'attaquent à nos légumes, d'autres aux fruits, d'autres à la vigne, d'autres enfin aux céréales qui composent le fond de la nourriture de l'homme. Aussi leur a-t-on déclaré, depuis longtemps, une guerre à mort, et cherche-t-on à les détruire par tous les moyens possibles. Si nous avons justement à nous plaindre du *charançon du pois* (*bruchus pisi*), *du charançon de la noix et de la noisette* (*balaninus nucum*, *B. avellanæ*), c'est surtout contre le *charançon du blé* (*calandra granaria*), que doivent tomber toutes nos malédictions. Ce petit insecte est d'autant plus redoutable, que ses dégâts se font sans qu'on puisse les soupçonner, et qu'ils sont sans remède lorsqu'on vient à les découvrir. La larve vit dans l'intérieur d'un grain de froment, aux dépens de la farine, en évitant avec soin d'attaquer la coque ou le son, qui lui sert d'abri. Quand elle s'est bien repue, et qu'elle est parvenue au terme de son accroissement, elle subit ses transformations, toujours dans sa petite maisonnette et loin des regards Enfin, l'insecte parfait perce sa prison et paraît au dehors. Cet insecte, que nous ne saurions qualifier trop fortement, ce fléau de nos magasins, se multiplie d'une manière effrayante en fort peu de temps : on a calculé qu'un seul couple pouvait produire, dans l'espace de quatre à cinq mois, une colonie de plus de six mille petits charançons. Aussi, les ravages qu'ils peuvent causer, et qu'ils causent malheureusement trop souvent dans nos greniers et dans nos granges, sont vraiment épouvantables.

On a cherché, par beaucoup de moyens, à préserver le blé de l'attaque de ces méchants insectes : on n'a pu encore y arriver complétement. Le moyen le plus simple et le plus efficace est de placer le blé dans un endroit bien aéré et de le remuer fréquemment. Lorsqu'il est infesté par une grande quantité de charançons, le meilleur remède est de porter le blé dans un four assez fortement chauffé pour tuer tous ces petits dévastateurs.

LES XYLOPHAGES.

Les xylophages sont de petits mangeurs de bois, comme leur nom tiré du grec le signifie littéralement. Ils sont généralement de petite taille et de couleur obscure. Si l'on voulait analyser rigoureusement leurs caractères, on trouverait qu'ils ne diffèrent essentiellement des charançons, que par l'absence de trompe. Ils ont les mâchoires très-solides, pour attaquer et pour ronger la substance du bois. Leur corps est presque toujours arrondi ou déprimé, et dans quelques *colydium*, il s'allonge considérablement. Les xylophages composent encore une race maudite, à cause des torts qu'ils nous font. Quand ces insectes se multiplient outre mesure, c'est une véritable calamité.

Nous devons surtout signaler, pour ses dévastations, le *scolyte destructeur*. C'est un insecte de taille médiocre, qui se développe non-seulement dans le bois mort, mais encore jusque dans l'intérieur des arbres les plus vigoureux et les mieux portants. Il perce les couches ligneuses dans tous les sens, il creuse des galeries sinueuses dans toutes les directions, il ne tarde pas à pénétrer jusqu'au centre. L'arbre attaqué par ce terrible destructeur montre bientôt les symptômes d'une maladie intérieure. Ses rameaux se penchent, ses feuilles se flétrissent, son écorce se soulève par lames légères; il ne peut résister longtemps au mal qui le dévore, il périt. Les plus beaux troncs d'arbres, ainsi attaqués, ne peuvent plus être employés comme bois de construction, ni sciés en planches de menuiserie; le scolyte les a criblés d'une trop grande quantité de petits trous.

D'autres espèces exercent leurs ravages sur les beaux et grands sapins du nord. En peu de temps leurs tiges élancées, dont l'industrie humaine a su tirer un parti si avantageux, sont tellement endommagées, qu'elles ne sont plus bonnes à rien. L'*hylurgus piniperda* est encore de ces animaux qu'on peut ranger parmi les fléaux qui affligent les hommes. On a vu des forêts entières de sapins périr victimes de cet épouvantable rongeur. Dans plusieurs localités de France, des plantations de sapins ont été détruites en quelques années. Ainsi, quoique petit, cet insecte n'en est pas moins méchant et terrible; il mérite bien toutes nos exécrations.

Dans la Provence, où le soleil plus bienfaisant permet la culture de l'olivier, les agriculteurs redoutent les atteintes d'un autre insecte de la même race. C'est encore un *hylurgus*, qui s'attaque principalement aux jeunes rameaux, qui les épuise, et qui les fait promptement périr.

Tous les xylophages méritent la proscription, et le naturaliste qui parviendrait à trouver le moyen de détruire les espèces les plus nuisibles mériterait toute la reconnaissance publique.

LES CAPRICORNES.

On comprend vulgairement sous ce nom tous les insectes renfermés dans la belle famille des longicornes. Ils se distinguent à leurs antennes d'une longueur démesurée, à leur corps généralement effilé, à leurs pattes hautes et fortes. Ils prennent tous un rang distingué parmi les insectes remarquables. Si l'on ne considérait que la taille, plusieurs espèces disputeraient la prééminence ; si l'on ne considérait que la richesse et la couleur de l'habit, d'autres espèces feraient valoir des droits incontestables à la supériorité. En prenant l'ensemble des qualités belles et aimables, en joignant la douceur des mœurs, l'innocence des habitudes aux agréments de la forme et aux avantages utiles, les capricornes, quoique remarquables sous plusieurs rapports, sont obligés de se contenter d'un rang secondaire. Le naturaliste se décidera toujours difficilement à accorder la première place à des animaux qui, pendant une partie de leur existence, nous ont occasionné des dommages. Les larves des capricornes se développent à l'intérieur du bois, et comme elles sont d'une taille assez grande, elles causent des dégâts presque aussi redoutables que ceux produits par les xylophages. Ce qu'il y a de plus fâcheux, c'est qu'elles ne se contentent pas de manger le bois sec et mort, elles rongent les arbres les plus sains et les plus verts. Après avoir passé deux ou trois ans à percer et à manger le bois, elles se métamorphosent et sortent de leurs prisons durant les beaux jours de l'été.

Le *capricorne héros*, le plus grand des longicornes de notre pays, se fait remarquer par ses magnifiques antennes, qui ornent sa tête sans la charger, et qui donnent à sa démarche un certain air de grandeur et de noblesse. Il a le corselet rugueux, hérissé même d'épines raides et pointues : en le faisant mouvoir sur le mésothorax, il produit par son frottement une espèce de cri ou de stridulation assez distincte et bien connue ; presque tous les longicornes ont la propriété de faire entendre ce petit bruit.

Nous pouvons faire observer, en passant, que la production du son est bien différente chez les insectes et chez les animaux supérieurs. Ceux-ci modulent l'air qui sort de leurs poumons au moyen d'un appareil particulier, qui constitue la glotte. Les vibrations des cordes sonores, qu'on appelle dans l'homme les cordes vocales du larynx, expliquent facilement l'origine physique de la parole. Les insectes, qui ne respirent pas par des poumons, mais par des trachées, espèces de vaisseaux aériens qui font circuler dans leur corps le fluide atmosphérique, de la même manière que les artères et les veines conduisent le sang dans toutes les parties de notre corps, ne peuvent pas, par conséquent, produire du bruit, un son quelconque, de la même manière. Ce n'est que par frottement, que la plupart des insectes donnent naissance à certains bruits bien connus des naturalistes. Les criquets, les grillons et les cigales, dont le chant est si perçant et si rude à l'oreille, ne doivent pas faire exception.

Le *capricorne musqué* (*aromia moschata*) se recommande à notre intérêt par plusieurs qualités, d'abord par le luxe de ses ornements, ensuite par la douceur de son parfum. Ses élytres sont d'un beau vert-doré ; son corselet, de la même couleur, est armé de deux pointes aiguës ; ses longues antennes présentent une nuance azurée du plus gracieux effet. L'odeur assez forte de musc, qu'il exhale au loin, indique sa présence et trahit son asile. Ce capricorne peut nous dédommager, par la suavité de ses émanations balsamiques, de l'odeur repoussante de plusieurs insectes. Quand nous nous plaignons de la fétidité de la punaise des champs, n'oublions pas le musc de l'*aromia*, ni l'odeur de rose des cicindèles et de quelques autres insectes des sables.

Le genre *callidie* ne dément point son nom, qui, en grec, signifie beauté. Il est composé d'insectes fort jolis et fort élégants. Le *callidie clavipède* est le plus grand de la famille, et le *callidie sanguin*, une des espèces les plus riches par son vêtement de couleur purpurine.

LES CRIOCÈRES ET LES ALTISES.

Vous avez sans doute observé sur le lis blanc un joli petit insecte revêtu d'un uniforme rouge, avec la tête, les antennes et les pattes noires. Il est l'amusement et la joie des enfants qui lui ont donné respectueusement le nom de bête-à-Dieu, de même qu'aux coccinelles, et qui l'ont pris spécialement sous leur protection. Il est expressément défendu de lui faire le moindre mal : quiconque lui donne la mort ou imprudemment ou malicieusement doit sûrement s'attendre à quelque grand malheur. Qu'il se tienne pour averti, les enfants l'ont dit. Le *criocère du lis* fait entendre un petit cri, ou plutôt une légère stridulation, en frottant l'extrémité libre de son abdomen sur la partie inférieure des élytres.

Ce charmant insecte, si propre, si luisant, si coquet dans son habit d'écarlate, s'est déshonoré, pendant la première période de sa vie, par des habitudes malpropres et dégoûtantes. Il mérite peut-être que nous l'excusions un peu, parce qu'il cherche à se dérober aux atteintes de ses ennemis : la dure nécessité exige bien des choses. Il salit sa robe et se tient caché sous un petit tas d'ordures. Enfin le criocère abandonne cette triste ressource, il se change en nymphe et paraît bientôt dans tout le luxe de sa parure.

Défiez-vous beaucoup de ces petits insectes de couleurs variées et de taille médiocre, qui sautent et s'agitent si vivement dans nos jardins. Leurs cuisses postérieures, fortement renflées, les soulèvent énergiquement, comme des ressorts qui se détendent subitement. Ce sont des animaux destructeurs, qui s'attachent principalement à nos légumes. Les uns sont cuivrés, les autres sont dorés, les autres ont leur vêtement bigarré, comme celui d'un comédien, les autres sont ornés de taches, de bandes, de gouttes, de points, de nuances très-diverses. Linné les a nommés *altises*, d'un mot grec qui signifie *sauteurs*.

LES COCCINELLES.

Qui ne connaît les gentilles coccinelles, ces charmants insectes vulgairement appelés *bêtes-à-Dieu*, quelquefois *catherinettes*, *petits bœufs et petites tortues?* Elles se distinguent autant par la grâce de leur forme, par l'agrément de leurs couleurs, que par la simplicité de leurs habitudes et par l'innocence de leurs mœurs. Ce ne sont point de ces insectes malpropres et dégoûtants : les coccinelles sont lustrées, brillantes, proprettes; ce ne sont pas non plus de ces insectes voraces et cruels : les coccinelles sont pacifiques et inoffensives; ce sont encore moins des insectes nuisibles : les coccinelles, à l'état de larves, rendent même quelques services aux agriculteurs. Elles ressemblent assez à des demi-sphères par la convexité de leur dos et par l'aplatissement de la partie inférieure de leur corps. Leur robe, d'un fond jaune, rouge, orangé, ou noir velouté, est agréablement tigrée de couleurs vives et gaies : si elle n'est pas somptueuse, si elle n'est pas enrichie de reflets dorés, argentés ou cuivrés, elle n'en est pas moins de bon goût. L'abdomen est revêtu plus simplement de couleurs sombres et obscures.

Un insecte si plein de grâces et de bonnes qualités devait-il être poursuivi par une foule d'ennemis acharnés? La coccinelle est exposée à mille dangers sans cesse renaissants. Elle n'échappe à un péril que pour tomber dans un autre plus redoutable encore. Aussi n'est-il pas rare de rencontrer sur les feuilles fraîches et vertes des tilleuls quelque infortunée, traînant tristement l'aile, mutilée d'une manière déplorable par le bec d'une hirondelle trop avide. Par quel moyen peut-elle se soustraire à une mort certaine? Au moment où elle sent le péril, elle contracte fortement ses pattes le long de son corps, et laisse sortir, par toutes les articulations de ses membres, un liquide jaunâtre d'une odeur forte et d'une saveur amère. L'oiseau trop glouton, qui se précipite aveuglément sur sa proie, est bien vite puni de sa gourmandise.

Les jolies coccinelles se montrent dès le commencement du printemps. A l'état de larves, elles se nourrissent uniquement de pucerons, et se montrent les plus utiles auxiliaires de l'horticulteur, en détruisant des animaux funestes à nos plantes les plus précieuses. Admirons la Providence qui envoie de chétifs animaux pour arrêter la multiplication excessive des insectes parasites qui épuiseraient nos arbres fruitiers!

Lépidoptères.

LES PAPILLONS DE JOUR.

Les papillons diurnes sont sans contredit les plus charmants animaux connus. Quel groupe zoologique pourrait leur disputer la prééminence par la grâce, l'éclat, la fraicheur, la gentillesse et l'innocence ! Si l'on examine la gracilité des formes, quelle délicatesse admirable! Si l'on considère la beauté des couleurs, quelle magnificence inouïe! Ne dirait-on pas que la nature a jeté sur leurs ailes légères toutes les nuances qui brillent au ciel, sur la terre et dans les prairies. Toutes les teintes semblent se jouer et se fondre pour former leur éblouissante parure. C'est l'azur changeant et le vert si doux à l'œil; c'est la pourpre aux somptueux reflets, avec le velours aux tons moelleux; c'est le blanc pur des lis relevé par de légères broderies bigarrées; c'est l'éclat métallique de l'or et de l'argent, tempéré par les tons mats du gris et du noir! Quelle étonnante prodigalité des faveurs les plus rares et les plus enviées! Si l'on préfère s'attacher à la prestesse des mouvements, à la gracieuseté des poses, à l'aimable inconstance des goûts, à la coquette nonchalance des allures, quel ensemble de qualités belles et riantes!

Tout charme dans le petit papillon, si gai dans ses manières, si paisible dans ses mœurs, si enjoué dans son caractère, si changeant dans ses préférences. Non moins que les fleurs, il est dans les beaux jours l'ornement des campagnes. Les papillons et les fleurs, existences privilégiées, mais fugitives et passagères, existences subordonnées et liées entre elles comme par des liens mystérieux et secrets. Lorsque les premières haleines d'une saison moins rigoureuse ont fait épanouir les gracieuses corolles de quelques jolies fleurs des champs, c'est alors que les papillons brisent l'enveloppe de la nymphe qui les retenait captifs. Hélas! les fleurs se fanent bien vite, les papillons se flétrissent bien promptement! Les fleurs les plus belles et les plus parfumées ne conservent leur fraîcheur qu'un matin; les papillons les plus somptueux n'ont qu'un éclat éphémère. Quand les fleurs cessent d'embellir nos campagnes, les papillons disparaissent sans retour. Emblèmes des plaisirs d'ici-bas, les papillons et les fleurs brillent un instant et s'évanouissent pour jamais!

La tête des papillons diurnes est ornée de deux antennes terminées par un renflement léger en forme de bouton. Ce sont deux charmantes aigrettes qui parent leur tête sans la charger, et qui complètent les dons qui leur ont été si largement départis. Leur bouche consiste en une espèce de trompe ou de langue roulée en spirale et appuyée sur deux palpes hérissés de poils ou d'écailles. Ils s'en servent comme d'un chalumeau pour sucer au sein des fleurs le liquide mielleux que leur calice renferme.

Le vol des papillons est brusque et saccadé. Ce mouvement plein de bizarrerie est produit par le jeu alternatif des ailes qui frappent l'air l'une après l'autre. Ce vol irrégulier, désordonné, capricieux, les protège avantageusement contre les poursuites de leurs nombreux ennemis.

Si les papillons sont les plus beaux des insectes, ils en sont aussi les plus délicats et les plus fragiles : le moindre attouchement les ternit et leur enlève leurs brillantes couleurs. Celles-ci sont dues à de fines et imperceptibles écailles fixées à la surface supérieure et inférieure des ailes: elles s'attachent facilement aux doigts, comme une poussière colorée. C'est à cette admirable organisation que les papillons doivent leur nom de *lépidoptères*, de deux mots grecs qui signifient *ailes à écailles*. En développant ces petites écailles au moyen du microscope, l'œil est témoin d'un spectacle très-curieux. Les divines perfections du Créateur reluisent jusque dans les moindres ouvrages sortis de ses mains !

LES PAPILLONS CRÉPUSCULAIRES.

Les papillons crépusculaires sont plus modestes que les précédents dans leurs habitudes et dans leurs ornements. Ils sont généralement revêtus de couleurs sombres, quelquefois cependant de teintes gaies, mais pâles, ternes, peu voyantes. L'éclat et la richesse ne constituent pas la vraie beauté. Combien de sphinx, tels que le *sphinx du laurier-rose*, et celui *de la vigne*, qui, dans leur simple et élégante parure, ne le cèdent à aucun des lépidoptères les plus somptueux. Ces insectes, considérés comme formant une famille naturelle, tirent leur principal caractère de leurs antennes qui sont en massue allongée en fuseau. Tous sont désignés vulgairement sous le nom de *sphinx*, parce que la nymphe de plusieurs espèces a été comparée à ces monstres égyptiens, accroupis sur de hauts piédestaux de granit, aux abords des temples. Cette ressemblance est un peu éloignée, et la chrysalide de ces lépidoptères aurait de plus grands rapports avec ces momies égyptiennes emmaillottées des pieds à la tête.

Les sphinx sont très-agiles. Ils voltigent de fleur en fleur avec une rapidité, avec une pétulance, avec une brusquerie qui font plaisir à voir. A peine semblent-ils toucher aux fleurs qu'ils se hâtent de caresser en courant. Quelquefois ils planent au-dessus d'une belle corolle pleine de miel, et, avec leur langue effilée, ils lui enlèvent sa douce liqueur. On dirait que l'air est leur domaine, qu'ils n'ont jamais appartenu à la terre, tant leur vol est facile, tant ils se plaisent à leurs courses aériennes ! Les enfants leur ont donné le nom d'oiseaux-mouches, à cause de leur grâce, de leur gentillesse et à cause de la forme de leurs écailles légères et aplaties qui ressemblent à des plumes. Il n'est personne qui n'ait observé, sous ce rapport, le *sphinx du caille-lait*, si commun partout où il y a des fleurs, dans les belles journées du mois de juillet.

Le géant de cette famille, dans nos contrées, est, sans contredit, le *sphinx tête de mort*, ainsi

p. 98

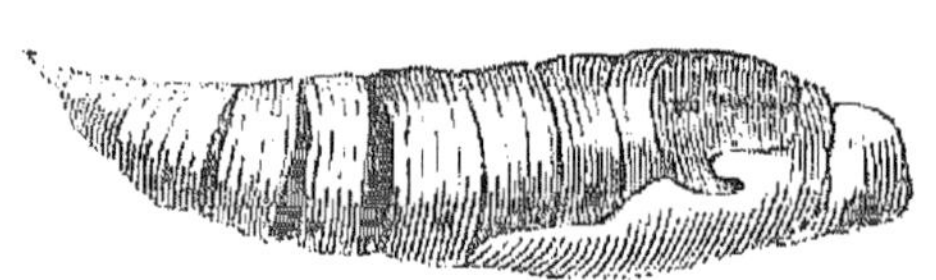

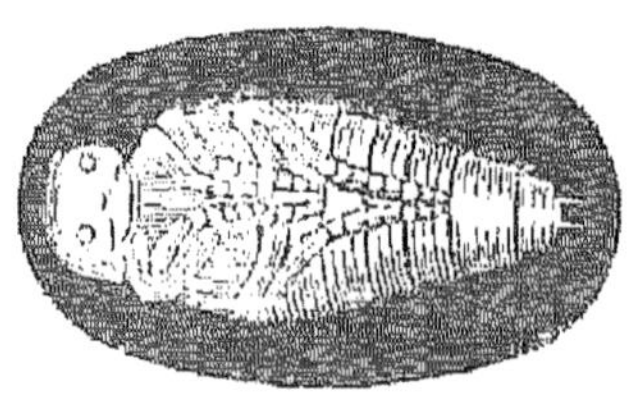

appelé à cause de plusieurs taches noires, placées sur son dos, qui rappellent une tête de mort. La superstition, en considérant avec frayeur la disposition singulière de ces taches de mauvais augure, en a tiré de fâcheux pronostics. Malheur à qui rencontrerait dans son chemin cet insecte messager de la mort! Malheur au pays sur lequel tombaient en grande quantité ces funestes avant-coureurs du trépas, il devait être la proie d'une terrible mortalité! Le *sphinx atropos* n'est plus aujourd'hui qu'un animal curieux, il a perdu ses tristes attributs. Quand on le saisit, il fait entendre un bruit aigu, une espèce *de piaulement*, que Réaumur attribue au frottement des palpes sur la trompe, mais dont la cause réelle n'est pas encore positivement connue, malgré les expériences qu'on a, tout récemment encore, tentées à ce sujet. La chenille de ce grand lépidoptère vit ordinairement sur les feuilles de la pomme de terre ; elle est jaune avec des raies bleues sur le côté.

LES PAPILLONS NOCTURNES.

Les lépidoptères nocturnes, que les anciens naturalistes avaient tous confondus dans la dénomination générale de *phalènes*, ne volent qu'après le coucher du soleil, et d'une manière si maladroite, qu'on serait tenté de croire que l'organe de la vue ne leur est d'aucun secours. Semblables aux hibous et aux chouettes, ces insectes sont éblouis par la clarté du jour, et ne jouissent de la vie que lorsque les autres paraissent en être privés, plongés dans les ombres et dans le sommeil. C'est ainsi que la vie ne quitte jamais la terre, et que nous pouvons admirer une suite continuelle de mouvements divers. Les papillons de nuit sont caractérisés par les antennes allongées et grêles, quelquefois finement pectinées ou panachées.

Le *cossus ronge-bois* est un des plus beaux noctuélites de l'Europe. Ses ailes sont agréablement variées de plusieurs couleurs artistement

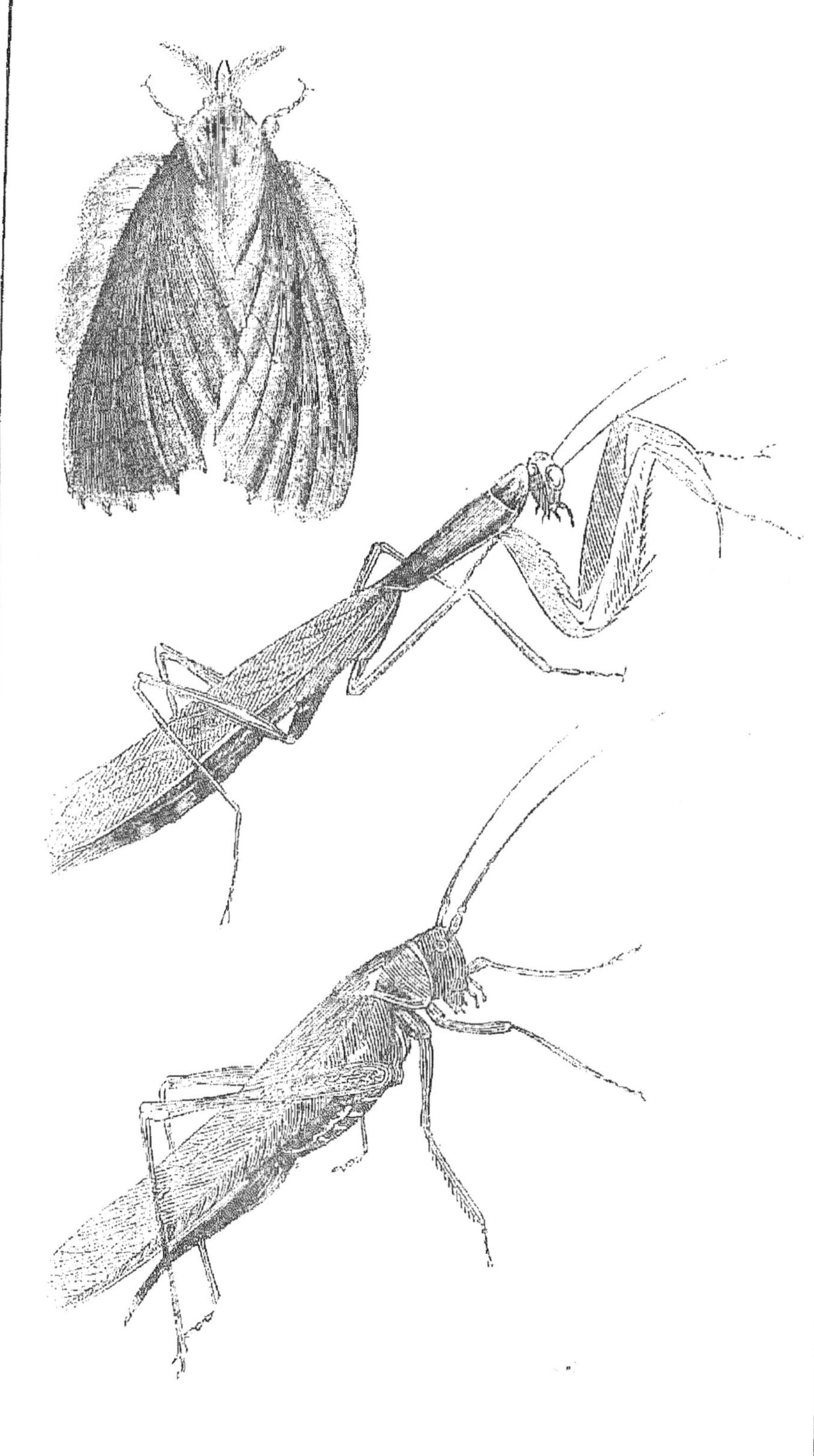

nuancées, dans lesquelles domine le gris et le bleu. Si l'éclat leur a été refusé, l'harmonie des tons peut être considérée comme une compensation suffisante. L'œil ami des teintes douces, agréablement fondues, s'arrête avec autant de plaisir sur les couleurs suaves et moelleuses des papillons de nuit, que sur les reflets brillants et tranchés des lépidoptères diurnes. La chenille du cossus est devenu très-célèbre en entomologie par l'admirable description anatomique qu'en a faite le savant et patient Lyonnet. Cette chenille se développe dans l'intérieur du bois de l'orme, du chêne, du saule, et ressemble à un gros ver à tête noire.

Le *grand paon de nuit* est le plus grand papillon de nos contrées ; il atteint jusqu'à douze centimètres d'envergure. Ses ailes sont arrondies, de couleur brune nuagée de gris, avec une sorte d'œil sur le milieu. Sa chenille vit ordinairement sur le rosier, sur le pommier ou sur l'orme ; elle est revêtue d'un uniforme vert avec des boutons jaunes ou bleus.

La *feuille-morte* a été ainsi nommée parce que ses ailes fauves, chiffonnées, ressemblent assez bien à un petit paquet de feuilles desséchées. Rien de plus bizarre que l'aspect de ce papillon. Il vit au milieu des bois, où sa forme le confond avec les feuilles des arbres qui l'entourent. C'est un moyen excellent d'échapper à la vue de ses ennemis. Que la Providence est admirable jusque dans les précautions dont elle entoure les plus faibles insectes ! On pourrait dire de ce lépidoptère, avec autant de raison qu'on l'a répété si souvent pour la phyllie, qu'on trouve dans nos bois des feuilles tombées des arbres, qui prennent la fuite quand on veut les prendre.

Les *pyrales* sont de petits papillons, ornés souvent de couleurs métalliques très-brillantes, connus par l'habitude qu'ils ont de voltiger autour des flambeaux allumés. Emblèmes des ambitieux, en voulant s'approcher trop près du soleil, elles se brûlent et perdent la vie. Les habitants des campagnes les ont longtemps regardées avec un œil superstitieux. On attachait à leur destin le succès de ses entreprises, et plus d'un homme, avec la pauvre petite pyrale, a vu périr ses espérances et s'évanouir de beaux rêves. La chenille de la *pyrale de la vigne* est un des plus redoutables fléaux pour les pays vignobles.

Non moins que la pyrale, la *teigne* mérite toutes nos malédictions. A l'état de chenille, elle fait de grands dégâts sur nos vêtements, et, en général, dans tous les tissus de laine. Elle vit ordinairement dans les draperies, les pelleteries, les tapisseries, dont elle ronge la substance la plus fine et la plus délicate. Pour mieux se déguiser, la teigne se renferme dans un étui de même couleur que l'étoffe qu'elle dévore.

Pendant l'hiver et au temps de leurs métamorphoses, les teignes interrompent leurs travaux. Cet instinct de conservation qui guide si bien tous les animaux, les avertit elles-mêmes que, pendant l'époque critique de leur engourdissement, il leur faudra un asile plus sûr que leur demeure ordinaire. Les teignes quittent alors les draps, les étoffes d'où le moindre accident pourrait les détacher; elles s'en vont, munies de leur vêtement, chercher quelque fente de meuble, quelque coin obscur pour y suspendre leur fourreau, au moyen de plusieurs paquets de fils. Un tissu soyeux clôt les ouvertures, les teignes y demeurent en repos jusqu'au moment où, munies de quatre ailes argentées, elles quittent pour toujours cette retraite passagère.

LE BOMBYX DU MURIER OU LE VER A SOIE.

Le bombyx du mûrier est un des lépidoptères les moins ornés, et, sans contredit, il est le plus utile des insectes. En le disgraciant du côté de la figure, la Providence semble avoir voulu nous donner une leçon utile: que la modestie peut cacher les plus grands talents. C'est un insecte de taille moyenne, à stature ramassée, dont les ailes sont blanchâtres, avec deux ou trois raies obscures transversales et une tache en forme de croissant. La chenille du bombyx du mûrier est connue de tout le monde sous le nom de *ver à soie*; par son produit précieux, elle alimente plusieurs riches et importantes industries.

Le ver à soie est originaire des provinces septentrionales de la Chine: il ne fut introduit en Europe que dans le sixième siècle. Des missionnaires grecs en apportèrent des œufs à Constantinople, sous le règne de Justinien, et à l'époque des premières croisades sa culture se répandit en Sicile et en Italie ; mais ce ne fut guère que du temps de Henri IV, que cette branche d'industrie acquit quelque importance dans nos provinces méridionales ; dont elle forme aujourd'hui l'une des principales richesses.

Dans le midi de la France on appelle les vers à soie des *magnans*, et de là le nom de *magnanerie*, qu'on donne aux établissements dans lesquels on les élève. La nourriture du ver à soie consiste en feuilles de mûrier, et c'est par conséquent de la culture de cette plante que dépend la possibilité d'élever cet insecte. Le mûrier blanc est l'espèce la plus généralement employée à cet usage : il peut donner quatre ou cinq quintaux de feuilles et même quelquefois dix ou douze quintaux. Cet arbre s'accommode assez bien de tous les terrains, et on le cultive avec succès jusque dans le nord de l'Europe. Le mûrier, comme le ver à soie, est originaire de la Chine. Il fut apporté en Europe par les deux moines grecs qui importèrent le bombyx du mûrier : présent plus estimable que la découverte d'une mine d'or; c'est à la religion que nous le devons. La plupart de nos industriels modernes ne savent guère qu'ils sont redevables de cet immense bienfait à deux pauvres missionnaires chrétiens, qui avaient pénétré dans l'empire chinois pour y annoncer l'évangile. Les premiers vers à soie furent élevés à Constantinople par la main de l'impératrice et des dames de la cour. Cette éducation devint bientôt à la mode et fut tentée par beaucoup de personnes. La culture du mûrier se répandit rapidement dans le Péloponèse, et fit donner à cette partie de la Grèce son nom moderne de Morée. De là, les mûriers et les vers à soie passèrent en Sicile par les soins du roi Roger, et prirent dans la Calabre une extension rapide. Quelques gentilshommes, qui avaient accompagné Charles VIII en Italie, pendant la guerre de 1494, ayant connu tous les avantages que ce pays retirait de cette branche d'agriculture, voulurent en doter leur patrie et firent apporter de Naples des mûriers, qu'on planta dans la Provence et dans le Dauphiné. Il y a une trentaine d'années, on voyait encore à Montélimart le premier de ces arbres plantés en France: il y fut apporté par Guy-Pope de Saint-Auban, seigneur d'Allan. Aujourd'hui les mûriers couvrent une grande partie du midi de la France et se cultivent avec avantage dans les provinces septentrionales.

Les vers à soie vivent à l'état de chenille environ trente-quatre jours, et pendant ce temps ils changent quatre fois de peau. Chaque mue est une crise pénible qui en fait mourir quelques-uns. Ils consomment une plus grande quantité de nourriture à mesure qu'ils approchent de leur terme. Quelques jours avant leur métamorphose, ils mangent avec un appétit insatiable, et font avec leurs mandibules un bruit très-fort, semblable à celui d'une pluie épaisse.

Lorsque les vers à soie veulent filer leur cocon, ils grimpent sur des branches qu'on a soin de placer à leur portée. Leur corps devient mou, et il sort de dessous leur bouche un fil de soie, qu'ils traînent après eux. Bientôt ils se fixent, jettent autour d'eux une multitude de fils d'une finesse extrême et construisent leur coque soyeuse en tournant continuellement sur eux-mêmes. Les divers tours de ce fil unique s'agglutinent entre eux, et il en résulte une enveloppe dont le tissu est ferme et dont la forme est ovoïde. La couleur de cette soie varie : tantôt elle est jaune, tantôt elle est d'un blanc éclatant, suivant l'espèce de ver qui l'a produite.

Afin de pouvoir tirer parti de la soie, on est obligé de faire périr les chrysalides. Pour les tuer, on les transporte dans un four médiocrement chauffé ; quelquefois on se borne à les exposer pendant deux ou trois jours à l'ardeur du soleil. Chaque cocon est formé par un fil d'une longueur immense et d'une finesse extrême, qu'il faut ensuite dévider. Pour faciliter cette opération, on est obligé de faire tremper les cocons dans de l'eau chaude, afin de dissoudre la matière gluante qui colle entre eux les divers tours de ce fil ; puis on réunit plusieurs de ceux-ci en un seul faisceau, qui, à l'aide de machines appropriées, est enroulé autour d'une bobine, et constitue un seul brin de soie filée. Il reste ensuite une bourre très-épaisse, que l'on carde avant de la filer : elle donne diverses matières plus ou moins avantageuses, connues dans le commerce sous le nom de *filoselle*, ou de *coconille*, avec lesquelles on fabrique différents objets de seconde qualité.

Dermaptères.

LES FORFICULES.

Les forficules, quoique inoffensives, sont encore la cause de frayeurs mal fondées ; elles doivent à un injuste et absurde préjugé leur nom vulgaire de perce-oreille. Les tenailles qui terminent leur abdomen ne peuvent être dangereuses que pour les insectes ; elles ne seraient pas assez fortes pour percer la peau de l'homme. Il y a cependant des personnes qui redoutent extrêmement cette arme innocente. Quand même la forficule s'engagerait dans le conduit externe de l'oreille, elle ne pourrait occasionner tous les ravages dont on l'accuse. Sans doute, elle ferait éprouver une douleur vive, parce que la membrane du tympan qui ferme le conduit auditif est extrêmement sensible, mais elle ne causerait pas les accidents graves qu'on lui a si longtemps attribués calomnieusement.

La forme générale des forficules est peu gracieuse. La tête est munie de mandibules longues, mais faibles; le corselet est arrondi; les élytres sont tronquées et excessivement courtes. Elles ressemblent à un petit morceau de parchemin desséché et servent à recouvrir deux ailes membraneuses pliées transversalement et longitudinalement. Les pattes, quoique d'une grande faiblesse, jouissent d'une excessive mobilité et communiquent à l'animal une agilité extraordinaire.

Ce qui rend intéressante l'histoire de la forficule, c'est l'instinct admirable d'amour maternel qu'elle témoigne à ses petits. La forficule dépose ses œufs dans quelque lieu humide et obscur, sous la mousse, sous les pierres, sous les écorces. Elle veille avec la plus active sollicitude sur ce précieux dépôt. A peine oset-elle s'en éloigner pendant quelques instants pour chercher sa nourriture. Si, par malheur, quelque accident vient à les disperser, elle les recueille courageusement et les transporte délicatement au nid entre ses mandibules. Avec leur développement arrivent de nouveaux devoirs et de nouvelles inquiétudes. Au sortir de l'œuf, les jeunes larves sont faibles et débiles : elles trébuchent à chaque pas, elles sont arrêtées par les moindres obstacles. La mère redouble de soins et de zèle ; elle les conduit prudemment, à l'abri des ardeurs du soleil, dans les lieux les plus convenables, où ils pourront trouver une nourriture abondante et facile. En contemplant cette intéressante famille, vous verriez la forficule, semblable à une poule entourée de ses poussins, se livrant à une foule de mouvements rapides, allant de l'un à l'autre de ses petits, les rappelant par un signe de ralliement, à l'approche du danger. C'est alors qu'elle fait usage des tenailles qui arment l'extrémité de son abdomen, qu'elle les ouvre, les agite, les relève d'une façon terrible et menaçante.

Bientôt les petites forficules ont atteint la

force suffisante pour se passer des soins de leur mère et pourvoir d'elles-mêmes à leur nourriture. Elles se dispersent alors, et mènent une vie isolée et indépendante.

Les forficules sont frugivores et très-voraces. Comme elles se multiplient promptement, elles désolent les horticulteurs par leurs dégâts. Elles aiment les lieux frais et ombragés; on peut les y attirer pour les détruire.

Orthoptères.

LES MANTES ET LES PHYLLIES.

L'organisation extérieure des mantes présente les formes les plus fantastiques qu'on puisse imaginer. A voir leur long corselet maigre et plat, leurs antennes fines comme des soies, leurs pattes antérieures se repliant, s'étendant d'une façon hideuse, s'agitant d'une manière désordonnée, on éprouve involontairement un certain sentiment de dégoût et même de frayeur. Comme si tout, dans cet insecte singulier, devait s'éloigner des formes généralement connues, les élytres, de couleur verdâtre, ressemblent assez bien à une feuille d'arbre flétrie et desséchée. L'imagination devait nécessairement mêler des fables à l'histoire de cet insecte extraordinaire. Aussi n'y a-t-il, peut-être, aucun animal à propos duquel on ait débité un plus grand nombre d'absurdités. Les anciens naturalistes, qui se plaisaient à recueillir tous les propos populaires, nous ont conservé des traits qui ne sont pas dépourvus de tout charme dans leur bizarrerie. Dans certaines localités, les mantes passaient pour *sorcières*, et il fallait bien se garder de considérer leurs gestes diaboliques : en les examinant, on s'exposait à de terribles dangers. Dans le midi de la France, on les avait envisagées sous un autre rapport. Comme elles joignent souvent les pattes antérieures, et qu'elles se redressent, immobiles et pensives, en contemplant le ciel, on les avait nommées *prie-Dieu*, ou dans le langage provençal *prega-Diou*. Suivant cette opinion, elles étaient douées d'excellentes qualités ; elles étaient surtout fort charitables. Quand un pauvre petit enfant s'égarait dans les champs, ou qu'il perdait sa route, il pouvait, en toute confiance, s'adresser à la *mante*

p. 115

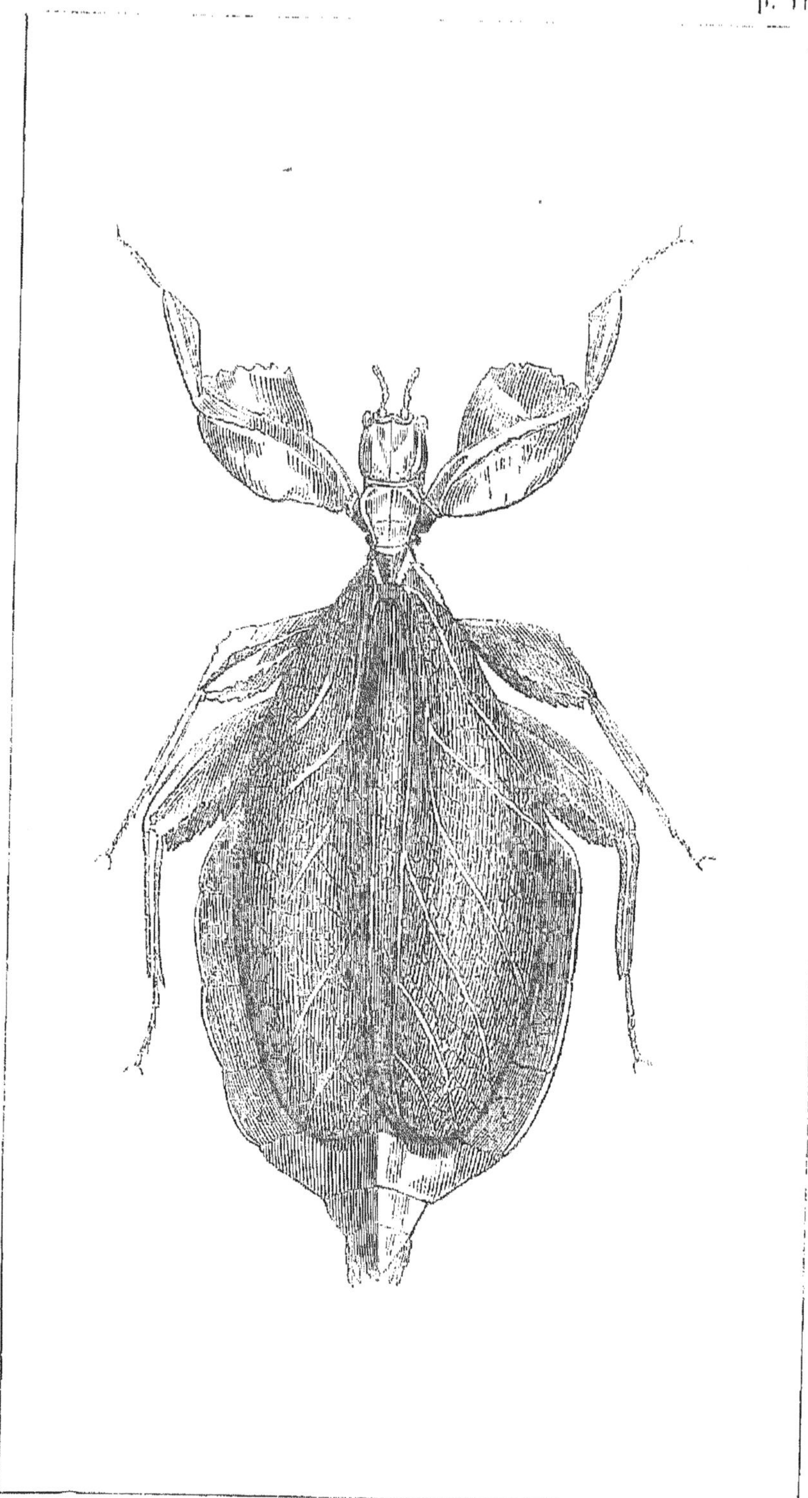

Phyllie-feuille.

religieuse ; celle-ci, sans attendre, dressait une de ses longues pattes dans la direction du chemin qu'il fallait suivre. Quoique les mantes aient perdu de nos jours leur bonne et leur mauvaise réputation, elles sont cependant, parmi les orthoptères, les insectes les plus dignes d'attirer l'attention.

Les phyllies, qui vivent dans l'Inde, ne sont pas moins curieuses à connaître que nos mantes indigènes. Leurs formes sont également monstrueuses, leurs allures bizarres. Leurs élytres, traversées de nombreuses nervures, ressemblent parfaitement à des feuilles végétales. De là, les récits accrédités des voyageurs sur les merveilles des pays les plus éloignés de l'Orient, où l'on voyait, entre autres choses surprenantes, des feuilles détachées des arbres qui prenaient la fuite quand on voulait les saisir. Aujourd'hui les feuilles des arbres de l'Inde n'ont plus la faculté de voltiger, ni de courir: on connaît mieux les phyllies. Pour rappeler cette fable, et en même temps pour indiquer un des traits les plus caractéristiques de sa forme extérieure, l'espèce principale a été nommée *phyllie-feuille*.

LES SAUTERELLES.

Les sauterelles sont des insectes malheureusement trop connus, car elles exercent leurs ravages dans tous les pays. Elles doivent être rejetées avec ces animaux qui ne se font connaître que par le mal qu'ils produisent. Montées sur de longues pattes, aux cuisses postérieures fortement renflées, elles s'élancent à de grandes distances. Leurs élytres sont molles, demi-membraneuses, et servent à protéger deux ailes pliées en éventail. Leurs mandibules et leurs mâchoires sont élargies en meules pour broyer plus facilement les substances végétales. Rien n'égale la gourmandise, la voracité insatiable de ces insectes dévastateurs. Partout où ils se trouvent réunis en troupes nombreuses, ils causent d'épouvantables dégâts. Dans nos contrées septentrionales ou tempérées, nous n'avons jamais trop à nous plaindre des maux occasionnés par les sauterelles ; mais si nous nous transportions en Asie et dans l'Afrique méditerranéenne, nous serions vraiment épouvantés à la vue des dévastations terribles qu'elles y exercent. C'est un fléau plus redoutable que le passage d'une armée ennemie. Elles se rassemblent en légions innombrables, parfois en nuées épaisses qui obscurcissent le soleil. Dans leur vol lourd et bourdonnant elles produisent dans le lointain un bruit sourd et lugubre, comme celui de l'orage qui gronde à l'horizon. Tout à coup elles s'abattent dans la campagne, pressées comme les gouttes d'une pluie épaisse ; elles rongent tout ce qui se présente à leur dent avide. Les moissons, les arbrisseaux, les feuilles des arbres, tout ce qui offre un peu de verdure disparaît en quelques jours. Après elles, il n'y a plus à attendre qu'une horrible famine. Par surcroît de malheur, il arrive quelquefois qu'après avoir tout dévoré, elles meurent dans les champs qu'elles ont dévastés. Leurs cadavres amoncelés par millions répandent dans l'air une odeur infecte, qui cause souvent la peste. Ainsi, ces animaux malfaisants apportent dans les contrées qu'elles ravagent les deux plus terribles fléaux qui désolent l'humanité, la peste et la famine.

Par une compensation, qui ne paraîtra que justice, plusieurs peuples d'Asie et d'Afrique se nourrissent de sauterelles : ce sont les *acridophages* des historiens grecs. Ils font dessécher au soleil le corps de ces insectes, après l'avoir laissé tremper, pendant quelques heures, dans une eau chargée de sel. Ensuite ils le broient, le réduisent en une sorte de farine grossière, avec laquelle ils font une espèce de bouillie, ou quelquefois des gâteaux ; d'autres les mangent grillées, rôties ou frites. Une pareille nourriture est sans doute fort peu restaurante, et il faut être réduit à une grande nécessité pour faire usage d'un si détestable gibier.

Outre différentes espèces de *criquets*, aux ailes roses ou bleues, on trouve encore dans notre pays la *grande sauterelle verte*, la *sauterelle tachetée*, la *sauterelle grise*, etc.

LES GRILLONS ET LES COURTILIÈRES.

Qui ne connaît les grillons qui font entendre leur chant monotone au pied des haies, dans les prairies et au coin de nos foyers? On en distingue deux espèces bien caractérisées : le grillon domestique et le grillon champêtre. Le premier, d'une couleur cendrée, se tient généralement dans les cuisines, auprès du four des boulangers, où il fait entendre sans cesse sa rauque chansonnette. Les villageois l'aiment et le respectent : ils défendent de le tuer. Pendant le jour, il demeure blotti dans le fond de sa cellule, gardant le plus profond silence. Au soir, il commence à chanter; et quand la nuit est bien close, il rôde de tous côtés, cherchant quelques miettes de pain, pour en faire sa nourriture. Les grillons produisent leur petit cri aigu par le frottement de leurs élytres les unes sur les autres.

Les grillons champêtres diffèrent peu des précédents. Ils se retirent dans de petits souterrains qu'ils se creusent eux-mêmes, où ils guettent leur proie. Pendant la plus grande chaleur du jour, ils ne cessent pas un seul instant de jouer de leur rude instrument de musique. Ils semblent s'exciter mutuellement et réussissent à produire un bruit assourdissant. Leur nourriture consiste en petits insectes de toute espèce qu'ils saisissent fort adroitement. Néanmoins, malgré leur grosse tête, ils sont stupides, car les enfants s'amusent à les faire sortir de leur trou en leur présentant un fétu ou un petit brin d'herbe.

La courtilière ou taupe-grillon est un insecte singulier par ses formes, et malheureusement fort nuisible par ses habitudes. Il est de couleur brune ; sa tête est petite, allongée ; les antennes sont assez développées ; le corselet est étendu et forme une espèce de cuirasse qui paraît veloutée ; les élytres ne couvrent que la moitié de l'abdomen ; elles sont croisées l'une sur l'autre, et elles sont traversées de grosses nervures longitudinales noires. L'abdomen est terminé par deux appendices filiformes assez longs. Les pattes antérieures sont aplaties, dentelées et

p. 120

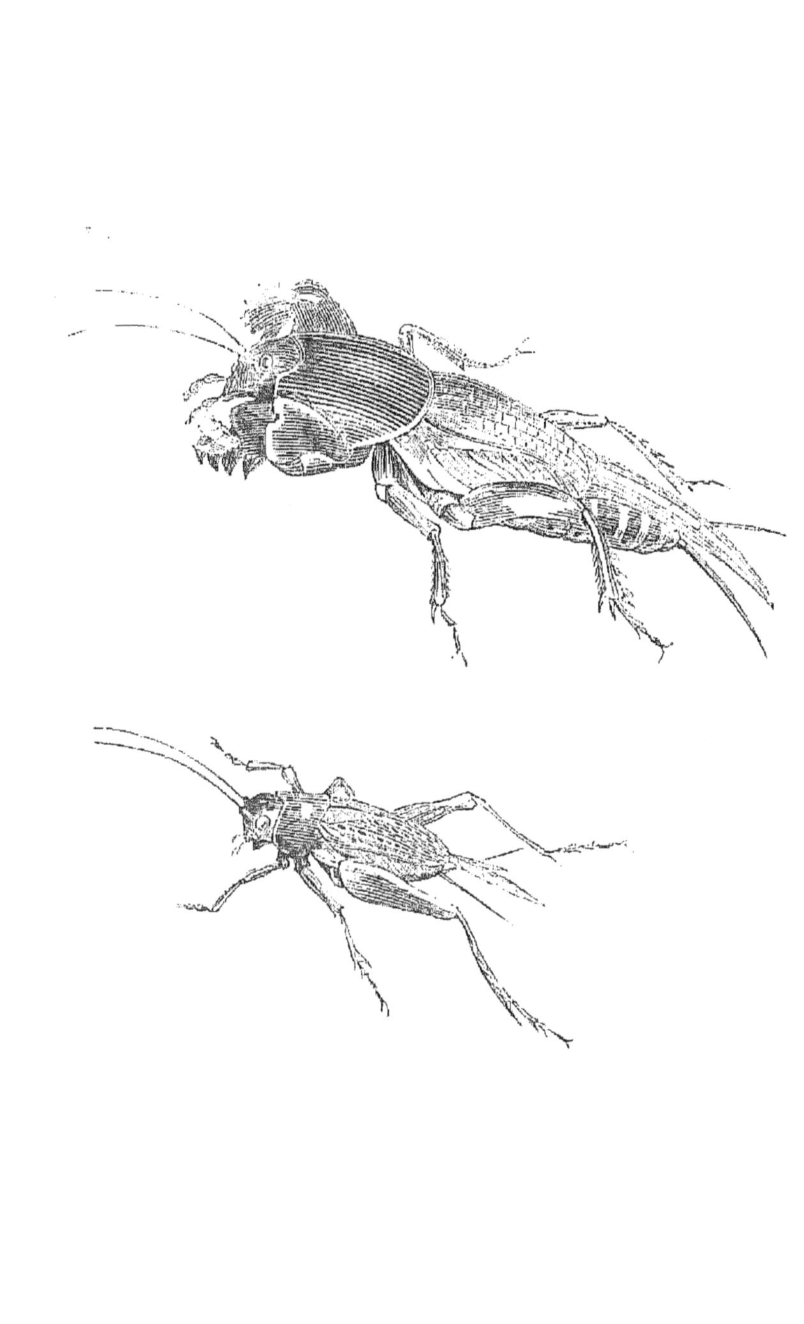

Courtilières. — Grillon domestique.

tranchantes; elles servent tantôt de pioche pour creuser la terre, tantôt de scie pour couper les racines; elles sont douées d'une force prodigieuse, et on est étonné de voir avec quelle facilité l'insecte écarte et renverse des obstacles considérables. La courtilière mène une vie souterraine; comme la taupe, elle se creuse de longues galeries, dans lesquelles elle parcourt le sol, en y cherchant les insectes dont elle se nourrit.

La courtilière cause de grands dégâts dans les jardins potagers, en coupant et en rongeant les racines des meilleurs légumes. Elle s'attaque principalement aux melons et aux laitues. On lui fait une guerre active, mais elle sait éviter les embûches qu'on lui tend. Pendant le jour elle reste tranquille, et pendant la nuit elle cause toutes ses dévastations.

Cet insecte possède un instinct particulier pour protéger ses œufs. Il fabrique une espèce de sphère creuse dans l'intérieur de laquelle il introduit ses œufs, quelquefois au nombre de trois cents. L'ouverture en est ensuite soigneusement fermée. La mère n'abandonne pas au hasard l'espoir de sa postérité. Elle veille sur le berceau de sa famille, elle le transporte quelquefois à la surface de la terre pour y jouir des douces influences de la chaleur, d'autres fois elle le retire jusqu'au fond de son terrier, quand elle craint l'humidité, ou qu'elle redoute quelque autre péril. A peine écloses, les larves se dispersent et trouvent elles-mêmes leur nourriture.

Hémiptères.

LES PENTATOMES ET LES RÉDUVES.

Qui n'a maudit la punaise des champs, en sentant l'odeur excessivement mauvaise qu'elle répand autour d'elle, quand on l'inquiète. Elle s'enveloppe comme d'une atmosphère pestilentielle propre à rebuter ou à éloigner ses ennemis. L'organe odorifique des pentatomes ou punaises champêtres est situé dans le dernier anneau du thorax. Il a la forme d'une petite vessie globuleuse, et communique au dehors par le moyen d'une ouverture en boutonnière, située entre la deuxième et la troisième paire de pattes. L'odeur des pentatomes est très-pénétrante, et s'attache même aux fruits sur lesquels a marché cet insecte dégoûtant. Il ne faudrait pourtant pas maudire toutes les punaises sans distinction. Exécrons la pentatome grise qui sent si mauvais ; mais aussi donnons quelques compliments au lygée de la jusquiame qui répand une odeur de thym, et à une espèce de miris qui exhale un parfum exquis de pomme de rainette.

Le réduve ne se présente pas à nos regards avec une physionomie plus attrayante que celle des pentatomes ; mais il possède en sa faveur une bonne recommandation, il travaille pour nous. Le réduve est l'ennemi naturel et irréconciliable de la punaise des lits, cet insecte hideux, qui vient troubler notre sommeil et sucer notre sang. Sous ses trois états de larve, de nymphe et d'insecte parfait, le réduve fait activement et constamment la chasse à sa proie. Il ne sort ordinairement que le soir, et il aime à voltiger autour des flambeaux. Gardez-vous bien de le saisir imprudemment, car il est armé d'un bec pointu qui distille un venin dangereux ; sa piqûre est aussi douloureuse que celle de la guêpe et du

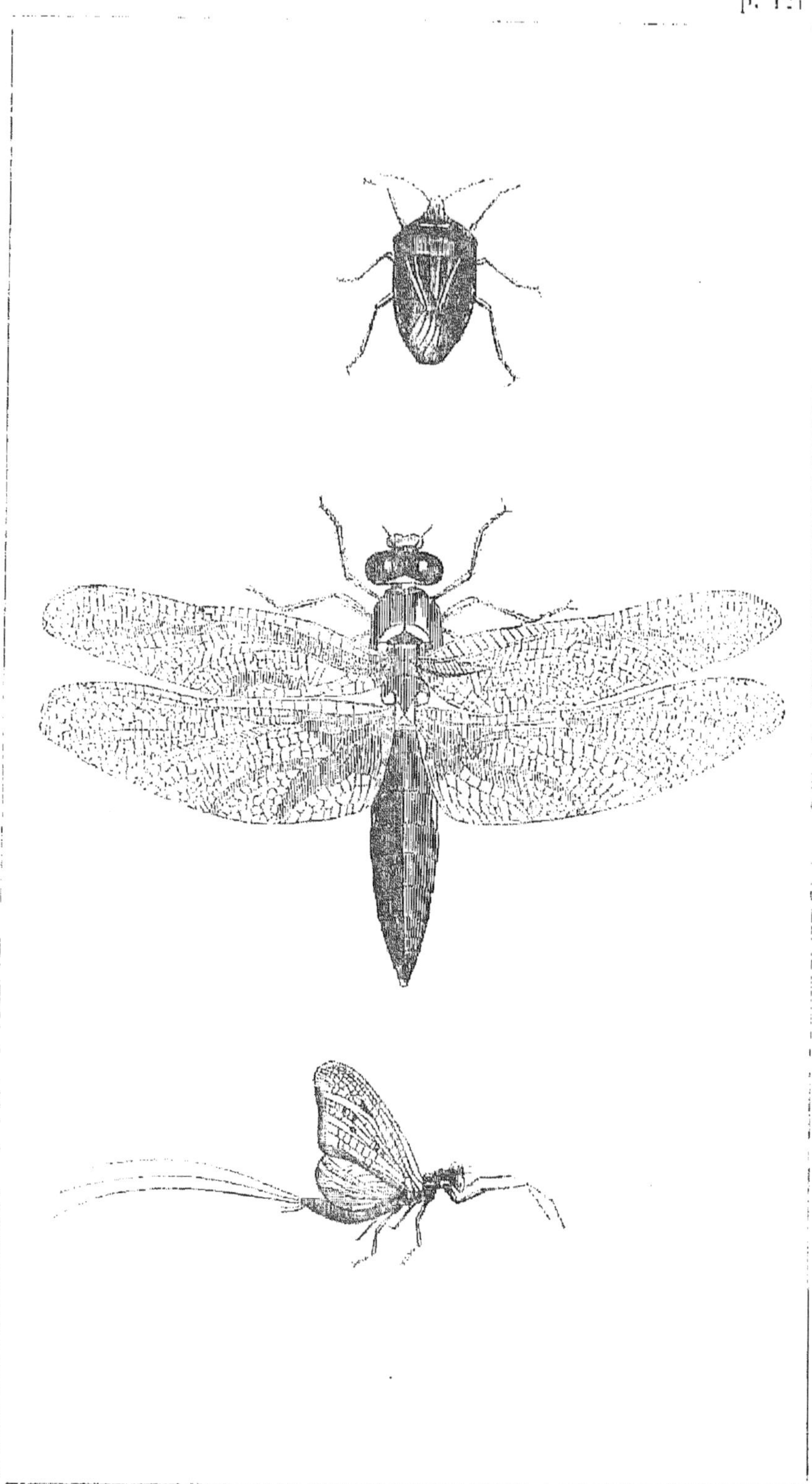

Pentatome gris. — Libellule déprimée. — Éphémère vulgaire.

frelon. Durant les deux premières phases de sa vie, il est plus timide, parce qu'il n'a pas encore acquis toute sa force, ni toute sa légèreté. Il a recours alors à une ruse fort singulière pour ne point inquiéter ses victimes. Il se déguise si parfaitement, qu'au premier abord il est impossible de le reconnaître; il faut être prévenu pour découvrir son mensonge. Il se recouvre de toutes les matières étrangères qu'il peut ramasser autour de lui : tantôt il fixe solidement autour de son corps de la farine, du plâtre, des balayures, des cheveux; tantôt il choisit des sciures de bois, du fil d'araignée, de la cendre : il fait arme de tout ce qui se présente à lui. Ce vêtement d'emprunt augmente quelquefois de deux tiers le volume de son corps. Ce travestissement le soustrait à plusieurs dangers, et surtout favorise ses intérêts, en lui permettant de s'approcher de sa proie, sans être aperçu. Le réduve n'a pas plutôt découvert quelque punaise, qu'il se met en marche, avançant obliquement par bonds et par soubresauts, comme un flocon de laine poussé par le vent; si la punaise s'inquiète, son ennemi s'arrête, la rassure par son immobilité, puis recommence son manége. Enfin, la persévérance est couronnée du succès, le réduve est à portée, d'un bond il s'élance sur sa victime, la perce de sa redoutable trompe et suce avidement son cadavre. Du reste, le réduve, arrivé à l'état d'insecte parfait, se hâte de rejeter ce costume malpropre, désormais inutile; autant il était sale et poudreux, autant il se montre maintenant luisant et propre. L'espèce si remarquable par ses instincts de ruse, a été nommée très-justement *le réduve à masque* : elle est fort commune.

LES CIGALES.

Tout le monde se rappelle avoir récité dans son enfance une des fables les plus naïves de notre bon Lafontaine, dans laquelle la cigale est taxée d'imprévoyance et de paresse, parce qu'elle n'amasse aucune provision et qu'elle passe tout son temps à chanter. Quand, dans vos promenades champêtres, vous avez entendu les stridulations bruyantes de l'insecte qui nous occupe, s'il ne vous est pas arrivé de murmurer contre leur importune monotonie, au moins très-probablement vous aurez passé avec indifférence, en vous rappelant peut-être les vers calomniateurs de notre illustre fabuliste. Vous porterez un jugement moins sévère et plus impartial quand vous connaîtrez quelques traits de la vie de notre petit troubadour, et que vous aurez étudié son merveilleux instrument. Dès les premiers jours nébuleux de l'automne, la cigale garde le silence, se traîne péniblement et meurt. Pouvait-elle passer mieux l'été qu'en chantant gaiement à sa manière les louanges du Créateur, la belle saison, la vie de la nature, sous les chauds rayons du soleil? A quoi lui eussent servi des greniers d'abondance, puisque les premiers froids la tuent?

Lorsque vous aurez pu saisir quelqu'un de ces petits musiciens ailés, examinez attentivement toutes les pièces qui composent son instrument de musique. Vous y observerez un organe vibratoire, des cavités pour répercuter les sons et pour leur donner un timbre plus éclatant. En voici d'ailleurs la description d'après Réaumur: Sous l'abdomen, on découvre de chaque côté deux plaques écailleuses en larges cuillerons cornés. Chacun de ces opercules recouvre une cavité qui renferme un *miroir*, une *membrane plissée* et une *timbale*. Essayons de donner une idée de la forme, de la disposition et du jeu de ces diverses pièces.

La *timbale* est une membrane dure, sèche, élastique, convexe en dehors, tendue comme une peau de tambour, sillonnée légèrement et soutenue par des arceaux assez bien parallèles. Deux muscles viennent s'attacher solidement à cette membrane : l'un très-petit, dont la destination paraît être de tendre fortement la timbale ; l'autre, très-développé, se fixe aux parois de l'abdomen, et donne insertion à un gros tendon qui va se fixer au fond de la concavité de la timbale. Quand l'insecte contracte ce muscle, la timbale subit aussitôt une dépression ; s'il le relâche, au contraire, la membrane ressaute et reprend sa convexité, en vertu de l'élasticité de son tissu et des sillons qui le renforcent. Ce sont ces contractions et ces relâchements alternatifs et rapidement répétés par une sorte de trépidation de ce gros muscle, qui produisent ces stridulations sonores que l'on est convenu, à tort ou à raison, d'appeler le chant des cigales.

Cependant ces ébranlements, quelque vifs qu'on les suppose, ne produiraient qu'un bruit peu intense, s'ils n'étaient augmentés par quelque organe répercuteur; absolument comme nous observons que cela se passe dans le violon, dont les cordes, mises en vibration sous l'archet, ne rendraient qu'un son maigre, si elles n'étaient appuyées sur une table d'harmonie. Le *miroir* et la *membrane plissée* remplissent, dans l'instrument de la cigale, le même but que la caisse sonore dans tous les instruments de musique à cordes. Quelle disposition surprenante! Auprès de chaque timbale, on remarque une petite ouverture, en forme de stigmate, qui laisse échapper au dehors l'air mis en mouvement par la stridulation de l'organe.

Voilà, sans contredit, un merveilleux mécanisme. Refuser d'admettre qu'une intelligence ait présidé à la création, à la disposition de toutes ces pièces, serait aussi absurde que de soutenir qu'un forte-piano ne suppose nulle invention, aucun art, et que les touches et les cordes en sont placées par hasard pour rendre un son harmonieux sous les doigts d'un musicien habile.

LES PUCERONS.

La plupart des insectes se font remarquer par leur extrême mobilité. A les voir si vifs, si alertes, si inquiets, on serait tenté de dire que le mouvement est leur vie, que le repos est un état de souffrance. Combien de fois n'avons-nous pas admiré la merveilleuse rapidité, la capricieuse agitation des myriades de petits insectes qui animent la nature! Combien de fois notre œil n'a-t-il pas suivi, plein d'étonnement, le vol précipité, prompt comme l'éclair, des jolis papillons qui tourbillonnent dans les airs, ou des abeilles butineuses qui bourdonnent autour des fleurs! A côté de tant de mouvement, les pucerons nous donnent le contraste de la plus profonde inertie. Ce sont des hémiptères presque engourdis, sédentaires, fixés pour toute leur vie à la branche dont ils sucent la sève. Vous avez souvent observé les pucerons du rosier, verts, pâles, immobiles, pressés sur les tiges les plus tendres et les plus succulentes. Leur trompe, enfoncée dans l'écorce du végétal, aspire sans relâche le liquide nourricier. Rien ne saurait les distraire de leur occupation, pas même le plus grand danger. Ils paraissent insensibles, recevant avec la même indifférence les rayons d'un soleil dévorant, ou les torrents d'une pluie d'orage. En vain le *lion des pucerons* se promène dans leurs rangs et en fait une horrible destruction : ils n'ont souci du malheureux sort de leurs frères, jusqu'à ce que la dent meurtrière de leur ennemi les choisisse eux-mêmes pour victimes.

Quoique les pucerons soient stupides et paresseux, leur histoire présente cependant quelques traits dignes d'être remarqués. Pendant toute la belle saison, ils sont vivipares. A peine éclos, le petit puceron se met à marcher aussitôt et va se placer à la suite des membres de la famille plus âgés que lui. Il se forme ainsi des lignes parfaitement régulières qui suivent toute la longueur de la tige, à mesure que la société s'accroît. Ces files sont tellement symétriques et bien ordonnées, que l'on croirait que chaque animal occupe une place déterminée qu'il ne doit pas quitter. Quand les pucerons se développent sur les feuilles, leur manière de se grouper est tout à fait singulière : ils tournent tous la tête vers un point intérieur, et forment ainsi une série de bandes circulaires; chaque puceron, en naissant, a l'instinct de se placer comme ses compagnons, et jamais il ne dérange l'ordre établi. Quand le diamètre du cercle devient trop grand, les pucerons se placent les uns sur les autres; il se forme ainsi jusqu'à deux ou trois couches superposées. Les insectes du rang supérieur font passer leur trompe entre ceux qui les supportent, et, grâce à la longueur de cet instrument, ils soutirent les sucs de la plante destinée à les nourrir.

Les pucerons se multiplient avec une prodigieuse rapidité. Il n'est guère d'animaux qui puissent nous présenter une fécondité si extraordinaire. Le célèbre Réaumur a fait, à ce sujet, des observations curieuses. Un puceron, dit-il, peut produire environ 90 petits; au bout de deux ou trois semaines, chacun en aura produit 90 autres; cette seconde génération sera de 8,100; la troisième, par le même calcul, sera de 729,000; la quatrième, de 65,640,000; la cinquième présentera le chiffre effrayant de 5,904,900,000 pucerons. En quelques mois, quelle incroyable multiplication ! Puisque ces insectes sucent la sève des végétaux, combien ces innombrables légions vont-elles causer de dégâts dans nos jardins et dans nos champs! Ne craignons rien, la Providence a tout disposé convenablement ; il existe dans toute la nature une harmonie que rien ne saurait troubler. Les espèces nuisibles servent de pâture à une grande quantité d'autres espèces qui mettent promptement des bornes à leur excessive multiplication.

A la suite des pucerons, on est presque sûr de rencontrer une troupe de fourmis attirées par la gourmandise. Les fourmis se montrent toujours avides de miel et de matières sucrées. A l'extrémité de l'abdomen des pucerons on observe deux petits tubes par où s'écoule continuellement une liqueur douce et miellée. C'est pour s'emparer du précieux liquide que les fourmis se mettent à la piste des pucerons. On dit même qu'elles flattent de leurs antennes leurs amis les pucerons, afin de les engager à épancher une plus grande abondance de cette manne délicieuse.

Nous nous sommes montré peut-être un peu sévère en enveloppant tous les pucerons dans le même jugement : quelques espèces ne sont pas sans une certaine industrie. Je ne citerai que l'exemple du puceron de l'orme. Il a le secret de faire pousser des excroissances assez considérables pour abriter complétement sa famille. Cette végétation contre nature donne un gîte et la nourriture à tous ses habitants. La petite société, sans craindre aucun danger, peut vivre à l'aise, à l'abri du vent, de la pluie et des ardeurs du soleil.

Le puceron du pommier n'est pas habile à se procurer une demeure, mais il n'est pas moins en sûreté. Il est tout recouvert d'une espèce de duvet cotonneux qui le garantit et le déguise. Si par malheur son moelleux habit éprouve quelque accident, la perte est bientôt réparée; de nouveaux flocons sortent du corps et enveloppent l'animal.

En finissant l'histoire des pucerons, je ne puis m'empêcher de citer ces paroles de Latreille : « Expliquez-nous tous ces mystères avec des systèmes donnant tout au hasard, ou bien en admettant des lois sans vouloir en reconnaître le suprême ordonnateur. »

LE CERCOPE ÉCUMEUX.

Nous ne saurions nous lasser de répéter que Dieu est admirable dans toutes ses œuvres, au spectacle des merveilles de la création. A mesure que l'on avance dans l'étude de l'histoire naturelle, il semble qu'on découvre sans cesse de nouveaux horizons et de nouveaux cieux. Aux magnificences inouïes de l'organisation se mêlent les mille détails des instincts prodigieux des plus chétifs vermisseaux. Un savant observateur, Dugès, auteur de la *Physiologie comparée*, termine par ces paroles ses considérations sur l'industrie extraordinaire des insectes : « N'est-ce pas une preuve des plus frappantes de la sagesse qui a tout dispensé dans l'univers, que de voir des espèces, trop faibles et trop peu raisonnables pour se conserver par elles-mêmes, être préservées d'une destruction inévitable par le don de quelques prérogatives toutes spéciales, toutes restreintes au seul but de leur conservation, et portant néanmoins le cachet d'une méditation profonde, d'une appréciation lumineuse des effets et des causes. »

Ces réflexions nous viennent à la mémoire en considérant les précautions dont la Providence a daigné entourer de pauvres petits insectes dépourvus de moyens de défense. Le cercope écumeux, à l'état de larve et de nymphe, est complétement nu, exposé aux insultes des saisons et aux attaques de ses nombreux ennemis. Ajoutons à cela que cet insecte est doué de peu d'activité, et qu'il ne possède aucun moyen de se soustraire au danger. Comment pourra-t-il donc préserver ses membres délicats des ardeurs meurtrières du soleil ? Comment échappera-t-il à l'œil perçant de cette multitude de petits oiseaux occupés sans relâche à chercher une nourriture tendre et appétissante pour leurs petits nouvellement éclos ? Tout est admirablement prévu : si les périls sont grands et imminents, la défense est toute prête, défense d'autant plus surprenante qu'elle ne coûte ni soins ni efforts multipliés. Le cercope, pour sa nourriture, suce, à l'aide d'une trompe aiguë, la sève des végétaux. Son corps est organisé de manière à laisser passer par les pores, dont la peau est criblée, une certaine quantité du suc végétal. En quelques instants, le petit insecte est recouvert entièrement d'une espèce de matière floconneuse, semblable à ces petites vésicules produites par l'eau de savon. En voyant cette masse d'écume blanche, on ne soupçonnerait nullement la présence d'un être vivant. Le premier mouvement qu'on éprouve à la vue de cette espèce de bave, c'est un profond sentiment de dégoût. Le cercope a atteint son but; il passe tranquillement les deux époques les plus critiques de sa vie. Quand il a subi ses métamorphoses, il est agile; il sait se soustraire à tout accident par les bonds prodigieux qui le mettent en un clin d'œil hors de la portée de ses ennemis.

LES COCHENILLES.

Après le ver à soie ou bombyx du mûrier, la cochenille du nopal est, sans contredit, l'insecte le plus précieux pour l'industrie humaine. Il fait la richesse de plusieurs contrées et il a donné naissance à une branche importante d'industrie; c'est sa dépouille qui fournit aux teinturiers et aux peintres les plus belles couleurs écarlates et cramoisies. Longtemps on employa la cochenille dans les arts sans en connaître la véritable nature : on s'imaginait que c'était une petite baie ou un fruit pulpeux. Plumier, auteur d'une histoire des plantes d'Amérique, fut le premier naturaliste qui reconnut que c'était un insecte hémiptère.

C'est principalement dans les provinces du Mexique, sur différentes espèces de *cactus*, que l'on recueille la cochenille. On a tenté, à diverses reprises, de naturaliser cet inestimable insecte dans plusieurs pays; mais, jusqu'à présent, on n'a réussi que fort imparfaitement. On a tout lieu d'espérer que les essais du gouvernement français, dans nos possessions du nord de l'Afrique, seront couronnées d'un entier succès.

Quand on examine le mâle et la femelle de cette intéressante espèce, on est tout surpris d'abord de l'extrême différence qui les distingue : l'un est ailé et fort vif, l'autre est aptère et condamnée à la vie la plus sédentaire. A peine les premières chaleurs de la douce saison ont-elles fait sentir leur vivifiante influence sur les œufs des cochenilles, que des myriades de larves se dispersent de tous les côtés sur les expansions charnues des cactiers. Ce premier voyage est le dernier pour le plus grand nombre de ces animaux. Ils choisissent un endroit convenable pour y trouver leur nourriture, plongent leur trompe déliée sous l'écorce de la plante, et se fixent là pour toute leur vie. Dans une immobilité complète, leur corps grossit promptement et devient bientôt semblable à une excroissance végétale. C'est alors que commence la récolte des cochenilles. Pour les détacher de la branche sur laquelle elles sont solidement cramponnées, on se sert d'un couteau à lame émoussée, que l'on passe avec précaution entre l'épiderme du végétal et leurs corps renflés. Pour empêcher les cochenilles de perdre de leur poids, et par conséquent de leur valeur, on les fait périr immédiatement, soit en les plongeant dans l'eau bouillante, soit en les exposant à la chaleur élevée d'une étuve. Lorsque la saison est favorable, on peut compter sur trois récoltes successives dans la même année.

La vie si monotone de ce petit animal nous offre une des plus touchantes précautions que la Providence ait inspirée à une mère pour protéger ses petits. La cochenille n'est ni habile, ni forte, ni industrieuse. Elle n'a point de soie pour filer une coque moelleuse ; elle n'a point d'outils pour creuser l'écorce ; elle n'a point de mouvement pour choisir un asile assuré. Admirez cet acte de dévouement ingénieux! Elle étend sous elle un petit lit de duvet et dépose ses œufs entre l'écorce et son propre corps ; puis elle reste immobile sur ce dépôt précieux, meurt à la même place, et protége encore, de son cadavre desséché, sa chère progéniture.

On distingue dans le commerce plusieurs variétés de cochenille, sous le rapport de la richesse des nuances. La cochenillle *jaspée*, ou *mestèque*, est mélangée de grains rougeâtres ; c'est la plus estimée et celle qu'on fait sécher à l'étuve. La cochenille *noire* forme une seconde variété, qui a été passée à l'eau bouillante ; enfin la cochenille *sylvestre*, qu'on a obtenue sans aucune culture préalable, donne la troisième variété beaucoup moins estimée que les deux précédentes.

La couleur magnifique, connue en peinture sous le nom de *carmin*, n'est autre chose que le principe colorant de la cochenille combiné avec de l'alumine.

Dans nos provinces méridionales, on trouve la *cochenille du Kermès* sur une espèce de chêne vert. Le principe colorant est plus fixe que celui de la cochenille du nopal, mais malheureusement il est terne et presque sans éclat. Enfin, la *laque* ou *gomme-laque*, qui sert pour la cire à cacheter et pour faire de beaux vernis, est une matière résineuse qui exsude de quelques végétaux exotiques, à la suite de la piqûre d'une espèce d'insecte appartenant au genre *coccus* ou cochenille.

Névroptères.

LES LIBELLULES OU DEMOISELLES.

Parmi les insectes si remarquables de l'ordre des névroptères, les plus connus sont les libellules, désignées vulgairement par le nom de *demoiselles*. Il est difficile de rencontrer des formes plus gracieuses et un port plus élégant. Leur taille est svelte et dégagée, leur corsage coquettement allongé, leur corps capricieusement effilé. Les couleurs les plus riches et les plus variées ornent leurs vêtements et se réfléchissent à l'œil en gerbes dorées, cuivreuses, azurées, avec toutes les nuances de l'iris. Sur leur dos on voit, gracieusement attachées, quatre ailes légères, transparentes comme la gaze la plus fine, traversées de nombreuses et délicates nervures entre-croisées artistement comme les mailles d'un filet. A leur base se fondent en tons moelleux le jaune et le rouge, et à leur extrémité sont posées deux petites taches, comme deux perles de rosée. La tête, appuyée sur le corselet, auquel elle ne tient que par un imperceptible pédicule, se trouve chargée de deux énormes yeux de couleur d'émeraude. La surface brillante de ces yeux est composée de milliers de facettes miroitantes, que les entomologistes ont considérées comme formant autant d'yeux parfaits et distincts, de sorte que les dix-sept mille facettes de l'œil de la libellule lui assureraient une clairvoyance dont il nous est impossible de nous faire une idée. L'abdomen, composé de longs et grêles anneaux, jouit d'une extrême mobilité, et se termine par deux petits crochets en forme de tenailles.

Rien n'égale la vivacité, la légèreté, la pétulance des libellules. Tantôt elles s'élancent en avant avec impétuosité, tantôt elles reculent précipitamment, tantôt elles se perdent dans les nues, tantôt elles glissent légèrement sur la surface des eaux, ou effleurent la verdure des prairies. Quelquefois elles planent au milieu des airs et demeurent immobiles comme un flocon de duvet arraché par une épine au cou d'un oiseau. Que pourrait-on comparer à la souplesse des mouvements, à la grâce des poses, à la nonchalance des allures des jolies libellules? La nature leur a prodigué ses dons et ses faveurs.

L'imagination des poëtes n'a pas dédaigné de prêter ses charmes à l'histoire des libellules; écoutons les paroles de l'auteur de *Notre-Dame de Paris* : « Il n'est pas, dit-il, que vous n'ayez plus d'une fois suivi de broussaille en broussaille, au bord d'une eau vive, par un jour de soleil, quelque belle demoiselle verte ou bleue, brisant son vol à angles brusques, et baisant le bout de toutes les branches. Vous vous rappelez avec quelle curiosité amoureuse votre pensée et votre regard s'attachaient à ce petit tourbillon sifflant et bourdonnant, d'ailes de pourpre et d'azur, au milieu duquel flottait une forme insaisissable, voilée par la rapidité même de son mouvement. L'être aérien qui se dessinait confusément à travers ce frémissement d'ailes, vous paraissait chimérique, imaginaire, impossible à toucher, impossible à voir. Mais lorsqu'enfin la demoiselle se reposait à la pointe d'un roseau, et que vous pouviez examiner, en retenant votre souffle, les longues ailes de gaze, la longue robe d'émail, les deux globes de cristal, quel étonnement n'éprouviez-vous pas, et quelle peur de voir de nouveau la forme s'en aller en ombre et l'être en chimère? »

Faut-il qu'un insecte si plein de charmes dépare toutes ses belles qualités par des mœurs voraces et sanguinaires! Dans un si beau corps se trouvent des instincts de carnage et de destruction. La libellule fait la chasse aux petites mouches et aux petits insectes brillants dont les légions innombrables bourdonnent et s'agitent autour des haies et sur les fleurs. Elle épie sa proie, elle s'élance dessus avec la rapidité d'un éclair et avec la précision d'un aigle qui fond sur sa victime du milieu des nues.

Fidèle à l'élément qui la vit naître, la libellule ne manque pas de revenir lui confier le précieux dépôt de sa postérité. Balancée sur une large feuille de nymphœa, elle baigne dans l'onde la moitié de son corps, et y laisse tomber sous la forme d'une grappe, les germes que verra se développer et briller le printemps prochain. Au sortir de l'œuf, la larve de la libellule a le corps mou, allongé, vermiforme; elle se meut lentement sur la vase des marécages, où elle cherche sa nourriture. Dans cet état si modeste et si humble, qui pourrait soupçonner le brillant insecte que nous venons d'admirer? La tête présente une organisation bien singulière : c'est un masque qui lui donne un aspect extraordinaire et repoussant. Ce masque est composé d'une pièce principale triangulaire et de deux autres parties latérales, mobiles et garnies de crochets aigus et fortement recourbés, à l'aide desquels l'insecte saisit sa proie.

Arrivée au terme de sa dernière métamorphose, la nymphe sent au dedans d'elle-même un nouvel instinct qui lui fait connaître qu'elle est appelée à une existence plus noble et plus brillante. Elle quitte l'eau, et grimpe sur la tige de quelque plante aquatique, où elle se cramponne solidement. L'humidité qui baignait son corps ne tarde pas à s'évaporer, la peau se fend sur le dos, et l'insecte en sort comme d'une prison. Ébloui par les merveilles de sa vie nouvelle, encore faible et fragile, l'insecte demeure quelque temps dans une complète immobilité. Mais bientôt ses membres se fortifient, ses ailes se dessèchent et s'agitent; il prend son essor.

La capricieuse libellule est l'emblème des amitiés inconstantes et légères. Les qualités du cœur, plus que les charmes du corps, la vertu, plus que la beauté extérieure, sont le fondement et le nœud d'une amitié véritable.

LES ÉPHÉMÈRES.

N'avez-vous pas souvent observé une foule de petits insectes s'élever des marécages en colonnes pressées, et s'exercer sur leurs bords à des danses aériennes? ce sont les éphémères. Existences frêles et fugitives, qui naissent quelques instants avant le coucher du soleil, et qui n'assisteront pas au lever de cet astre le lendemain. Agités par des instincts mobiles et passagers, ces insectes ne connaissent, pour ainsi dire, que la naissance et la mort; pour eux, les minutes sont des jours, et les heures se déroulent en longues années. Balancés sans cesse sur leurs ailes diaphanes, ils ont bien vite épuisé la petite goutte de vie que la nature a versée dans leur sein.

Trop fidèle image de la vie humaine, les éphémères arrivent à la mort après les agitations de quelques rapides instants. Cependant, par une compensation bien légitime, leur courte existence à l'état parfait a été précédée d'une vie plus obscure, mais plus longue. Leurs larves remplissent la vase des rivières, des lacs et des étangs. Protégées par une pierre ou par une touffe de conferves, elles prennent leurs ébats et vivent du produit de leur chasse. Malheur aux petits vermisseaux qui se trouvent à leur portée! ils périssent misérablement et deviennent leur proie. Après avoir ainsi vécu deux ou trois années, les éphémères quittent leur séjour, se dépouillent de leur enveloppe grossière, et apparaissent dans tout l'éclat de leur dernière forme. Étonnées de leur métamorphose, elles agitent peu à peu leurs ailes légères, et bientôt elles s'élancent vives et joyeuses.

La taille des éphémères est élégante et bien

prise. Sur leurs épaules sont fixées quatre ailes transparentes, un peu chiffonnées. Leur corps, vêtu très-modestement, présente à son extrémité deux ou trois soies fines et articulées. La tête, humblement baissée, recouvre la bouche à peine visible; elle ne porte point d'aigrette ni de panache. Les éphémères n'excitent pas notre surprise par la somptuosité de leur parure; elles se recommandent à notre intérêt par la singularité de leurs habitudes; elles sollicitent notre sympathie par la brièveté de leur existence.

C'est surtout dans les soirées d'automne que les éphémères déploient leurs innombrables phalanges sur les rives des lacs et des ruisseaux. Le lendemain matin, leurs cadavres jonchent tristement la terre ou flottent à la surface des eaux. Il existe une espèce si remarquable par la blancheur éclatante de ses ailes, que le moment de sa chute rappelle ces jours d'hiver où la neige tourbillonne et tombe par flocons.

Si l'inconstante libellule est l'emblème de la légèreté, l'éphémère fugitive doit être considérée comme le symbole de la fragilité de la vie. Puisque notre existence est si passagère ici-bas, pensons quelquefois aux lieux où brille une éternelle jeunesse!

LE FOURMI-LION.

Notre nature nous porte à détester les animaux violents, qui n'obtiennent rien que de vive force; elle nous incline à porter le plus vif intérêt à ceux qui n'ont recours qu'aux ressources de l'instinct, de la finesse, de la ruse et du savoir-faire. Nous n'aimons pas les mœurs voraces et féroces des carabes, mais nous étudions avec charme les habitudes sociales et industrieuses des abeilles et des fourmis. Parmi les insectes habiles, nous devons placer le petit fourmi-lion à un rang distingué. Il n'est personne curieuse des traits de l'instinct, j'oserais presque dire, de l'intelligence des animaux, qui ne connaisse l'histoire de ce singulier insecte.

A l'état parfait, le fourmi-lion présente dans sa physionomie générale beaucoup de ressem-

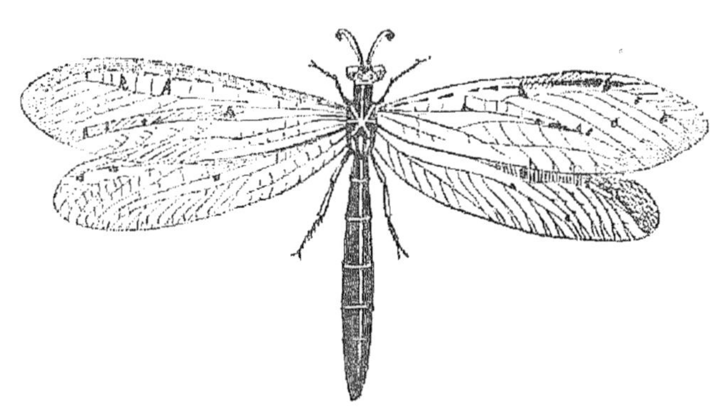

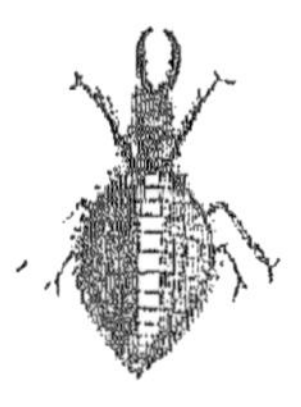

Fourmilion. — Sa larve. — La Nymphe.

blance avec la vive et gracieuse libellule. Il s'en distingue néanmoins, malgré son air de famille, par ses antennes globuleuses, par ses ailes horizontales, et par son abdomen moins effilé. Insecte chasseur, le fourmi-lion voltige de buissons en buissons, en quête d'une proie facile. Mais ce n'est point dans son existence aérienne qu'il nous offre des mœurs dignes de fixer notre attention, c'est pendant la première période de sa vie, à l'état de larve.

L'œil le plus fin, s'il n'était prévenu, ne découvrirait jamais, ne soupçonnerait même pas le léger et mobile fourmi-lion dans sa larve courte et disgracieuse. Sa tête porte deux longues mandibules en forme de crochets, son corselet est très-court, son abdomen conique et assez renflé. Pour comble d'infortune, cette pauvre larve, d'une figure si peu attrayante, est forcée de marcher à reculons. Pourtant elle doit vivre de proie. Comment pourra-t-elle atteindre les animaux qui doivent faire sa nourriture? Le chasseur le plus agile n'est jamais sûr de voir sa table bien servie!

Il y a un proverbe bien connu qui dit : quand on n'est pas le plus fort, il faut être le plus fin.

Le fourmi-lion le sait sans doute, car il emploie les procédés les plus ingénieux pour tendre un piége aux imprudents, pour se procurer des provisions abondantes.

Sur un sol sablonneux, fin, sec, aride, exposé au soleil, mais protégé contre le vent et surtout contre la pluie, à l'abri d'un vieux tronc, d'une grosse racine qui sort de terre en se tordant comme un serpent, d'un mur en ruines, vous avez sans doute observé de petites cavités bien proprettes, bien creusées en forme d'entonnoir. Vous avez beau regarder au fond du précipice, votre œil n'aperçoit rien; le fourmi-lion s'y trouve cependant, mais il est soigneusement caché. Blotti dans son terrier, il attend patiemment que quelque étourdi vienne rouler dans l'abîme. Que de fatigues, que de travaux il lui a fallu pour creuser cette excavation admirable! Le fourmi-lion, après avoir tracé plusieurs sillons dans tous les sens, comme pour explorer le terrain le plus convenable, s'enfonce légèrement sous le sable, et se servant de ses cornes en guise de pelle, il lance au loin les déblais de la cavité qu'il se creuse. Il travaille avec activité; le sable est jeté en haut avec une force surprenante, et tombe sans cesse tout autour comme une pluie fine. Mais le travail a cessé subitement; quelle est la cause de cette interruption? c'est une petite pierre, rocher énorme pour notre mineur, qui se trouve trop pesante pour être rejetée d'un seul coup de tête. Comment se tirer de ce pas difficile? le cas est embarrassant. Il saura bien vaincre cet obstacle par le moyen qui fait tout surmonter, par le courage et par le travail. Le fourmi-lion ne balance pas un instant; il parvient, souvent après des efforts incroyables, à placer le corps étranger sur son dos, il se met intrépidement à gravir le talus, pour le déposer au dehors. L'équilibre est difficile à garder; parfois la pierre trébuche et roule au fond du trou. Nouveau Sisyphe, le fourmi-lion se remet à la besogne et recommence sa périlleuse opération. Enfin le succès couronne ses persévérants efforts, il est arrivé sans encombre jusqu'au bord de sa cavité, il se débarrasse joyeusement de son fardeau.

Maintenant voilà tout préparé. Le fourmi-lion se tient aux aguets. Quelque malheureuse fourmi du voisinage vient-elle en rôdant inconsidérément sur les bords de l'abime, le sol mobile trahit ses pas, elle roule, elle cherche en vain à se cramponner, elle tombe entre les mandibules aiguës qui s'ouvrent pour la dévorer. Essaie-t-elle à échapper à son funeste sort, c'est inutilement, une grêle de petits grains de sable l'étourdit et l'abat. Le cadavre desséché est ensuite repoussé au loin pour ne point faire soupçonner la retraite d'un ennemi.

Après un temps plus ou moins long, suivant que la chasse a été plus ou moins heureuse, le fourmi-lion se livre à des mouvements désordonnés. Il laboure dans toutes les directions le sol qui lui a prêté asile, et quand il paraît épuisé de fatigue, il commence à filer une petite coque de soie. Son travail est rapide : on dirait qu'il a hâte de terminer. Quelques fils lâches et gluants se couvrent d'une fine poussière, destinée à confondre le tissu avec la terre environnante ; peu à peu la texture devient plus serrée et constitue un moelleux lit de repos, dans lequel la nymphe va passer son sommeil de transformation.

Plusieurs hommes pourraient aller s'instruire auprès du petit fourmi-lion, si patient et si laborieux. Ils y trouveraient sûrement encore une belle occasion d'admirer et de louer Dieu dans ses œuvres!

LES TERMITES.

Pendant longtemps les voyageurs désignèrent les termites sous le nom de *fourmis blanches*. Ce n'est pourtant pas qu'il y ait, dans leur physionomie, le moindre trait de ressemblance, mais c'est qu'ils partagent l'activité laborieuse de nos insectes travailleurs. Les termites africains composent des peuplades de guerriers et d'architectes, dont les expéditions sont redoutables aux hommes mêmes, dont l'industrie surpasse peut-être celle des guêpes, des sphèges, des abeilles et des castors.

Chaque république, formée d'une population immense, présente trois ordres de citoyens: les *ouvriers*, munis de mâchoires propres à ronger et à retenir les corps; les *soldats*, pourvus d'une grosse tête et de redoutables mandibules terminées en pointe aiguë; enfin les *chefs*, chargés de pourvoir aux besoins de la société et de communiquer tous les ordres nécessaires à la sûreté commune. Mieux organisée que nos gouvernements, cette petite nation nous offre le spectacle d'une société parfaite. La subordination est admirable, l'obéissance aveugle, l'union inaltérable, la paix profonde. Chaque individu est content de sa position sociale, parce que chacun doit passer successivement par tous les degrés de la hiérarchie, à mesure qu'il subira de nouvelles métamorphoses. Les larves sont condamnées à la plus rude besogne; après leur première transformation, devenues nymphes, elles entrent dans le corps des soldats et veillent à la police publique; enfin elles sont arrivées à leur forme parfaite, elles font de droit partie de l'état-major général, elles prennent place parmi les chefs. Quelle constitution digne d'envie!

Les termès ouvriers sont chargés de construire l'habitation commune : ils doivent l'entretenir dans un bon état. Cette habitation ressemble ordinairement à un petit monticule de gravier fin, matière par elle-même peu solide, mais qu'ils ont le secret d'affermir en réunissant les moindres parcelles avec une bave visqueuse très-tenace. Le toit hospitalier s'élève quelquefois à une hauteur de trois ou quatre mètres : édifice d'un travail prodigieux pour un animal dont la taille ne dépasse pas quatre à six millimètres. Les monticules ont tantôt la forme d'un pain de sucre, tantôt la forme plus élégante d'une voûte circulaire ou d'un dôme; d'autres fois ces nids sont sphériques et bâtis dans des arbres à une hauteur de plus de vingt mètres. Ces derniers, de la grosseur d'un baril, sont composés de parcelles de bois, de gomme et de sucs d'arbre, dont ces insectes savent former une sorte de pâte qui se durcit au soleil. Ceux qui sont bâtis en terre ressemblent de loin aux huttes groupées d'un village. L'extérieur est souvent recouvert de gazon; il est assez solide pour résister à toutes les injures des saisons, aux plus violents orages des tropiques, aux attaques des ennemis : on a dit que les taureaux sauvages pouvaient monter dessus sans les ébranler.

L'intérieur de la cité est un vrai labyrinthe, recélant mille compartiments, mille détours ténébreux. Au milieu est un logement spacieux :

c'est le palais de la reine. Tout autour s'étendent en longues galeries d'innombrables cellules pour loger les œufs et pour servir de magasins : on y place en abondance des provisions de gommes ou jus épaissis des plantes. Dans ces rues sinueuses, au milieu de ce dédale compliqué, des millions de termites, toujours placés à la file, se retrouvent, se communiquent, s'entendent parfaitement et promptement pour tous les travaux.

Le termès fatal a été bien nommé à cause des dégâts qu'il occasionne dans les habitations de l'homme. Les désastres dont il est l'auteur sont d'autant plus à redouter, qu'on ne peut ni les prévoir, ni même les soupçonner. Ces insectes malfaisants, réunis par bandes, passent sous terre, dans de longs boyaux qu'ils creusent comme des mineurs ; ils parviennent ainsi sous les fondements des bâtiments, et attaquent les poteaux et les poutres qui les soutiennent. Le mal sera bientôt irrémédiable. Avec leurs mâchoires tranchantes comme des ciseaux, les termès rongent promptement les pièces de bois les plus intactes et les plus saines ; ils n'attaquent que l'intérieur et se gardent bien d'entamer le plus légèrement l'écorce extérieure. Il résulte de ces dévastations continuées longtemps, que la poutre la plus solide en apparence ne conserve plus qu'une mince épaisseur facile à rompre au premier choc. Les charpentes principales étant ainsi sourdement minées, il arrivera qu'au premier souffle d'une tempête, tout l'édifice s'écroulera d'une manière subite. Ces insectes dignes de toute sorte d'imprécations, qui aiment à détruire les ouvrages de l'homme, se défendent avec une extrême opiniâtreté quand on les attaque. Lorsqu'on fait une brèche à leur maison, tous les soldats se précipitent à l'ouverture, s'élancent sur l'agresseur, et s'ils peuvent l'atteindre ; ils le percent de leurs longues mandibules, sans vouloir lâcher prise. Leur morsure est profonde et cruelle. Ils ne rentrent dans leur habitation que lorsqu'ils croient tout danger passé.

Heureusement les termès ont une foule d'ennemis qui en détruisent chaque jour un très-grand nombre. Parvenus à l'état parfait, ces insectes si vifs, si fiers, si belliqueux, si intraitables, se laissent surprendre, pour ainsi dire, sans résistance par les animaux qui leur font la guerre pour s'en nourrir.

Les termès voyageurs, plus rares et plus grands que les termès belliqueux, ont des mœurs aussi intéressantes que ceux dont nous venons de parler. Smeathmann, naturaliste anglais, décrit ainsi une de leurs expéditions :

« J'entendis un jour, dans une épaisse forêt, un sifflement prolongé, chose alarmante dans ce pays où il y a beaucoup de serpents. Le bruit me conduisit à quelques pas du sentier, et je vis avec autant de plaisir que de surprise une armée de termès, sortant d'un trou creusé dans la terre, et avançant avec toute la vitesse dont ils étaient capables. A moins de trois pieds de cet endroit, ils se divisèrent en deux corps ou colonnes composées principalement d'ouvriers. Ils étaient douze à quinze de front et marchaient aussi serrés qu'un troupeau de moutons, traçant une ligne droite sans s'écarter d'aucun côté. On voyait çà et là, parmi eux, un soldat trottant de la même manière sans s'arrêter ni se tourner; et comme il paraissait porter avec difficulté son énorme tête, je me figurais un très-gros bœuf au milieu d'un troupeau de brebis. Tandis qu'ils poursuivaient leur route, un grand nombre de soldats étaient répandus de part et d'autre de la ligne, quelques-uns jusqu'à un pied de distance, postés en sentinelle ou rôdant comme des patrouilles, pour veiller à ce qu'il ne vînt point d'ennemis contre les ouvriers ; mais la circonstance la plus extraordinaire de cette démarche, c'était la conduite de quelques autres soldats qui, montant sur les plantes qui croissent çà et là dans le fond du bois, se plaçaient sur la pointe des feuilles, à douze ou quinze pouces du sol, et restaient suspendus au-dessus de l'armée en marche. De temps en temps, l'un ou l'autre battait de ses pieds sur la feuille, et faisait le même bruit ou cliquetis que j'avais observé de la part du soldat qui fait l'office d'inspecteur, lorsque les ouvriers travaillent à réparer une brèche dans l'édifice des termès belliqueux. Ce signal, chez les termès voyageurs, produisait un prompt effet ; l'armée entière répondait par un sifflement et obéissait à l'ordre en doublant le pas avec la plus grande ardeur. Les soldats, qui s'étaient perchés et qui donnaient ce signal, demeuraient tranquilles sur leur feuille. Ils tournaient seulement un peu la tête de temps en temps, et semblaient aussi attachés à leur poste que des sentinelles de troupes réglées. Les deux colonnes de l'armée se rejoignirent à environ douze ou quinze pas de leur séparation, n'ayant jamais été à plus de neuf pieds de distance l'une de l'autre, et ensuite descendirent dans la terre par deux ou trois trous. Elles reprirent leur marche, et continuèrent de s'avancer sous mes yeux pendant plus d'une heure que je passai à les admirer, et ne semblèrent ni augmenter, ni diminuer en nombre, à l'exception des soldats, qui quittaient la ligne de marche et se plaçaient à différentes distances, de chaque côté des deux colonnes, car ils me parurent à la fin beaucoup plus nombreux. »

LES PHRYGANES.

Nous ne pouvons nous lasser d'admirer la prévoyante bonté de la Providence, en étudiant l'aimable science de l'entomologie. Quel est le petit insecte qui n'a pas reçu ses dons particuliers de la main créatrice ? La phrygane a été traitée avec faveur ; elle est habile et rusée. A l'état parfait, elle ressemble assez à un de ces lépidoptères nocturnes qui viennent inconsidérément voltiger, la nuit, autour des flambeaux. Elle enveloppe ses œufs d'une matière gélatineuse et les attache aux feuilles ou aux tiges des plantes aquatiques. Il en naît une larve qui se développe dans l'eau des marais, des étangs, des ruisseaux. Couverte d'une peau fine et délicate, cette pauvre larve va devenir la proie des poissons, ou des oiseaux aquatiques qui en sont très-friands. Quoique dénuée de ressources pour échapper par la fuite, ou pour résister par la force, elle sait pourtant déjouer toutes leurs attaques par les secrets d'un art admirable. A peine échappée de son berceau, elle fabrique un petit fourreau de soie, qu'elle recouvre de différentes matières pour le fortifier; c'est là qu'elle brave les poursuites de ses ennemis. La phrygane se couvre de petits fragments de bois, de graviers, de débris de feuilles, et même de petites coquilles encore occupées par leurs habitants. Partout elle transporte avec elle sa maisonnette, d'où elle ne fait sortir que l'extrémité antérieure de son corps quand elle marche.

Les larves des phryganes, en revêtant leur fourreau de matériaux divers, dont l'assemblage constitue un accoutrement si étrange, n'ont pas seulement pour but de lui donner plus de solidité, mais aussi de le lester convenablement, afin de pouvoir se diriger dans l'eau. Ce leste donne au fourreau une pesanteur à peu près égale à celle du fluide où il flotte et l'y maintient en équilibre.

La seconde phase de l'existence de la phrygane est exposée à autant de dangers que la première. Pendant le temps de sa vie de nymphe, elle a grand besoin de son étui pour se protéger : plongée dans un état de profonde léthargie, elle ne saurait, en nulle façon, éviter la dent meurtrière des animaux qui cherchent à la dévorer. Avant de s'endormir de son sommeil de transformation, elle a soin de fermer chaque extrémité de sa cellule, avec une espèce de grillage solide et serré, composé de cordons de soie croisés. Les mailles en sont assez rapprochées pour qu'aucun insecte n'y puisse avoir accès, et assez écartées pour donner passage à l'eau qui lui est nécessaire pour la respiration.

La nymphe s'éveille pour revêtir sa dernière forme. Elle brise la cloison qui la retenait captive, en la protégeant, et elle s'élance pleine d'inquiétude sur la tige la plus voisine. Bientôt sa peau se dessèche, se boursoufle, se déchire sur le dos et prête passage à la phrygane. Les ailes se dégagent, s'étendent, s'agitent, les antennes se déroulent, les pattes quittent leur enveloppe; en moins de deux minutes la métamorphose est opérée, la phrygane s'envole, et devient léger habitant de l'air.

Hyménoptères.

LES HYLOTOMES.

Quand on étudie l'histoire naturelle des insectes, on est frappé à chaque instant des précautions infinies que ces petits animaux savent prendre pour protéger efficacement leurs œufs et les larves qui doivent en sortir. C'est un ensemble de combinaisons prudentes, de travaux assidus, d'opérations prévoyantes, de tentatives pleines de finesse, de stratagèmes industrieux, qui surprend notre admiration. Les hylotomes se font remarquer entre tous les autres, par leur organisation et par leur talent. Ils portent à l'extrémité de l'abdomen une petite scie finement dentée, qui leur sert à entailler l'écorce des végétaux afin d'y placer convenablement leurs œufs. Cette scie est accompagnée de plusieurs lames bien aiguisées qui facilitent son action, et qui aident encore à conduire l'œuf dans la fente nouvellement pratiquée. Quand on examine soigneusement au microscope ces outils si délicats, si fins, si luisants, si polis, c'est à peine si l'on ose établir une comparaison entre les œuvres de Dieu et les produits dont notre industrie est si orgueilleuse. Que sont nos scies grossières, à côté de ces instruments presque imperceptibles dont toutes les dentelures sont parfaitement taillées, très-régulièrement espacées, si tenues, que l'œil étonné ne les contemple qu'avec une vive surprise? Placez une petite aiguille, la plus fine que nos arts perfectionnés puissent produire, auprès d'une des lames de l'hylotome, et vous comparerez la première à une grossière barre de fer, tandis que l'autre vous paraîtra lisse, brillante, d'une exquise propreté, d'une élégance admirable. Il y a ici toute la différence de la perfection, aux informes ébauches d'un art impuissant.

Pour bien connaître l'emploi de ces magnifiques instruments, suivons, dans son travail, l'hylotome du rosier, espèce commune, assez peu farouche pour se laisser approcher et observer sans inquiétude. L'insecte voltige lourdement avec ses quatre ailes chiffonnées; il ressemble, au premier aspect, autant à une mouche qu'à un hyménoptère. Il choisit sagement une branche d'églantier, verte et tendre, pour trouver moins de résistance à ses efforts. Il se cramponne solidement à l'aide de ses pattes postérieures munies de crochets recourbés, et il se place la tête en bas, pour faire jouer son outil plus commodément. Aussitôt il déploie sa petite scie et il fait une entaille très-promptement par un mouvement rapide. L'hylotome laisse couler immédiatement dans la blessure du végétal, une petite gouttelette d'une liqueur corrosive qui attaque assez fortement l'écorce pour y faire naître immédiatement plusieurs petites bulles : ce liquide vénéneux est destiné à brûler les deux bords de la plaie pour empêcher leur réunion, et encore pour arrêter l'épanchement de la sève. En retirant son instrument, l'insecte laisse tomber un petit œuf qui doit trouver à

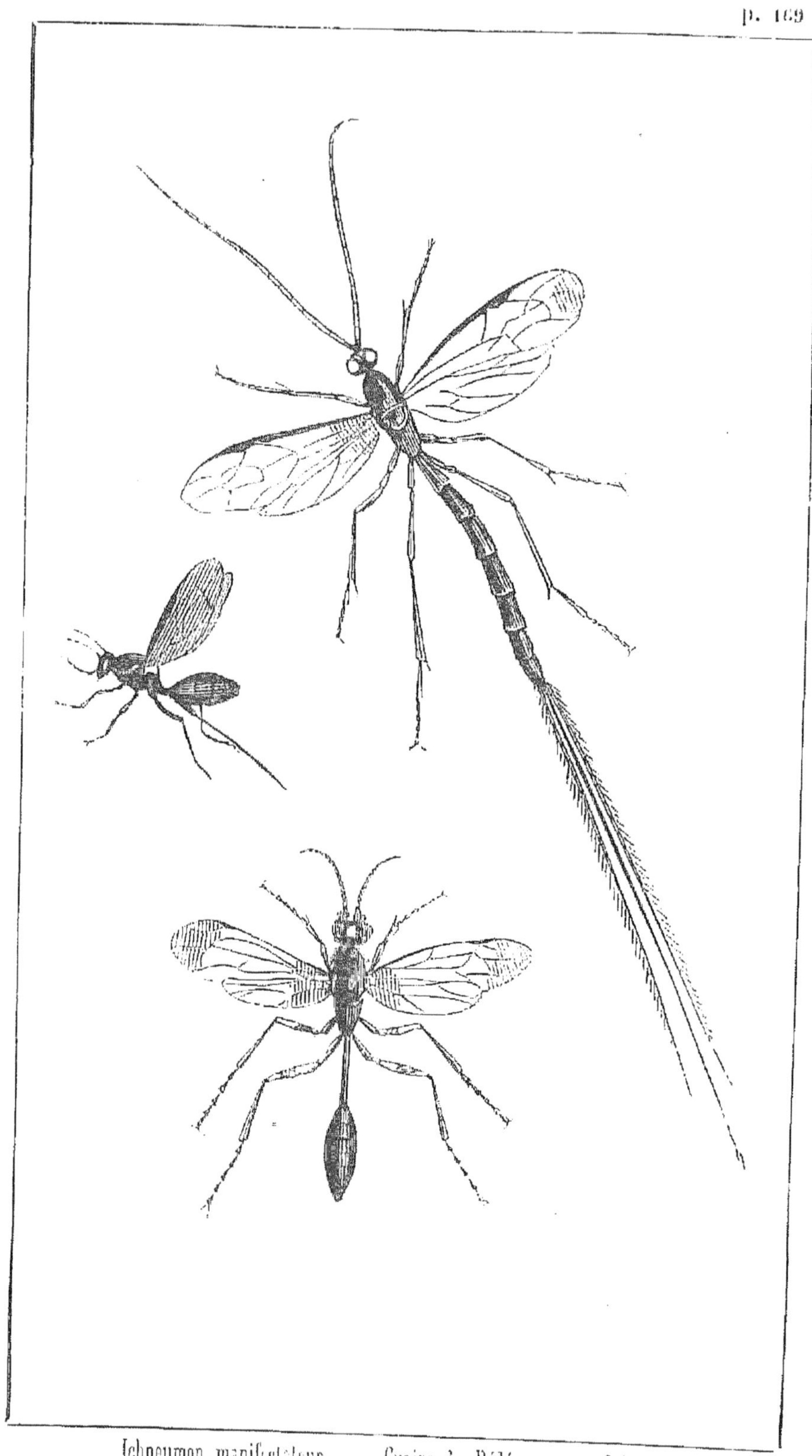

Ichneumon manifestateur. — Cynips du Bédéguar. — Sphège.

cet endroit asile et même nourriture, puisque, baigné par les sucs végétaux, il augmente de volume avant d'éclore.

Bientôt les larves de l'hylotome s'échappent de leur berceau et se répandent sur le rosier dont elles dévorent les feuilles. Elles sont voraces, gloutonnes, d'une avidité insatiable. Elles atteignent promptement leur développement complet et s'apprêtent à subir leur métamorphose. Elles quittent l'arbuste qui les a nourries, et s'enfoncent en terre, où elles se filent avec soin une jolie coque de soie, pour y passer à l'aise et en sûreté le temps de leur transformation.

LES ICHNEUMONS.

Commençons l'histoire des ichneumons en esquissant légèrement leur portrait. Ce sont des hyménoptères d'une taille élégante et bien prise, de forme allongée, d'un aspect agréable, d'un extérieur avenant. Il faut être bien craintif, pour se défier de ces animaux pacifiques et inoffensifs. Leur corselet arrondi porte quatre ailes membraneuses, transparentes, inégales. L'abdomen est lisse, brillant, orné de couleurs vives et variées; il porte à son extrémité trois longs filets, en forme d'épées, dont nous connaîtrons bientôt l'usage. La tête est réunie au corselet par un pédicule très-mince; elle est ornée de deux antennes gracieusement roulées, et presque toujours en mouvement.

Les ichneumons ne demeurent jamais oisifs; on les voit sans cesse rôder de tous côtés. A leur agitation, à leur inquiétude, on juge aisément qu'ils sont préoccupés et qu'ils sont en quête de quelque objet. Que cherchent-ils donc avec tant d'ardeur? L'étude de leurs mœurs va nous l'apprendre. A l'état de larves, les ichneumons vivent en parasites dans l'intérieur du corps de pauvres animaux qu'ils rongent tout vivants. Ils vont sans cesse à la poursuite de quelque gros insecte à peau molle, pour le percer de coups d'épées, et laisser dans son corps plusieurs œufs qui s'y développeront à ses dépens. C'est le plus souvent aux chenilles rases que les ichneumons confient leur fatal dépôt.

A peine ont-ils aperçu leur victime qu'ils fondent dessus avec impétuosité. Ils la criblent de blessures et placent dans chaque plaie un petit œuf qu'ils introduisent à l'aide de l'oviducte. La malheureuse chenille, étourdie par une attaque si imprévue, a beau se débattre et se tordre sur elle-même, elle n'est abandonnée que quand elle a reçu quarante ou cinquante coups, et autant d'ennemis dans le corps. Elle tombe comme épuisée et comme désespérée, mais bientôt les douleurs cessent et les plaies se cicatrisent; elle reprend ses anciennes habitudes, mange avec son appétit ordinaire, sans se douter qu'elle porte dans son sein un germe de mort.

A peine écloses, les petites larves dévorent la chenille, mais, par un instinct étonnant, elles ne s'attaquent qu'aux parties accessoires, sans jamais attaquer les organes essentiels à la vie. Elles mangent seulement la graisse que la chenille mettait en réserve pour le temps de ses métamorphoses, et ces adroits parasites se gardent bien de toucher aux sources qui produisent la nourriture de l'animal, nourriture d'ailleurs qui tournera tout entière à leur profit. Quand elles ont acquis tout leur développement, elles percent la peau de l'infortunée chenille, sortent toutes à la fois, et se filent une petite coque de soie, pour y subir leur dernière transformation. Bientôt la chenille qui les a nourries s'agite et meurt dans des convulsions.

Une petite espèce d'icheumon se développe dans le corps des pucerons. Elle ronge leurs organes intérieurs avec tant d'adresse, qu'elle se sert de leur peau pour se faire un abri pendant le temps de sa métamorphose; elle s'évite ainsi la peine de fabriquer une enveloppe de soie.

LES CYNIPS.

Les cynips sont de petits hyménoptères fort remarquables par leur industrie. Avant d'étudier leur savoir-faire, examinons leur physionomie et faisons leur signalement. Les cynips ont le dos bossu, la tête fortement inclinée en avant, le corselet globuleux, l'abdomen renflé et joint au thorax par un pédicule grêle et court. Les quatre ailes membraneuses, traversées de délicates nervures, sont assez grandes, diaphanes, élégantes et lustrées. Quoique disgracié de la nature dans plusieurs des parties de son corps, le cynips possède des instincts admirables et un instrument merveilleux. C'est par là qu'il est pour nous plus intéressant qu'une foule d'autres insectes seulement remarquables par la beauté de leur habit. A l'extrémité de son abdomen se trouve une espèce de tarière, roulée en spirale à sa base comme un tire-bouchon; cet instrument, extrêmement mince et faible, est soutenu par deux lames plus solides, à l'aide desquelles le cynips le dirige aussi bien que le meilleur ouvrier pourrait diriger son outil. Il sert à entamer l'écorce des végétaux, et en même temps à conduire un petit œuf dans l'ouverture qu'il vient de faire. L'insecte, tout en opérant avec sa tarière, distille une liqueur douée d'une vertu particulière, si l'on en juge par les phénomènes qui ne tardent point à se manifester dans la plante. La sève afflue avec abondance à l'endroit blessé, cause bientôt une véritable tumeur, de forme et de dimension variables. Ces excroissances singulières, appelées *galles*, se développent très-promptement et diffèrent dans presque tous les végétaux.

Les galles sont fixées presque indifféremment à toutes les parties du végétal. On en voit sur les feuilles, à leur surface supérieure et inférieure; on en voit sur les fleurs et quelquefois jusque dans leur corolle. L'arbre de nos climats, qui nourrit peut-être le plus d'insectes, le chêne, ce roi de nos forêts, est piqué sur toutes ses parties par des espèces différentes, et on peut trouver plus de vingt galles qui ont chacune leur forme particulière. Ces galles ressemblent parfois à des fruits, non-seulement par la forme, mais encore par la fraîcheur et par la coloration: on dirait tantôt une cerise ronde et vermeille collée sur une feuille de chêne; tantôt une grappe de groseilles suspendue, par un phénomène étrange, aux branches d'un arbre étonné de porter de pareils fruits qu'il n'était pas destiné à connaître: là vous diriez une tête d'artichaut arrêtée dans sa croissance, un champignon, un bouton de fleurs. Ces végétations contre nature ont été observées depuis longtemps, et l'industrie humaine a su tirer parti de quelques-unes pour son avantage. La galle de l'yeuse ou chêne vert, arbuste commun dans l'Asie, aux environs d'Alep, sert en médecine et dans les arts. Quoiqu'on ait attribué à certaines galles des vertus imaginaires qu'elles ne possédaient pas, il est juste de reconnaître que quelques espèces ont été fort utiles, et on pourrait soupçonner avec fondement que d'autres, jusqu'à présent négligées, pourraient procurer des avantages. La galle de l'églantier, grosse pelotte mousseuse ou chevelue, connue anciennement sous le nom barbare de *bédéguar*, a beaucoup perdu de sa réputation : pendant de longues années on lui avait attribué, à tort ou à raison, des propriétés merveilleuses dans la cure de nombreuses maladies.

Dans l'intérieur des galles, de quelque nature qu'elles soient, les larves trouvent un asile et des provisions. Elles sont logées très-commodément, comme le rat du bon Lafontaine qui demeurait dans un fromage de Hollande. Les murailles de leur maison servent à les protéger et à les nourrir. Dès que les larves bien repues ont cessé de manger pour se transformer en nymphes, la galle qui les a défendues contre les injures de l'air et contre les attaques de leurs ennemis, se durcit beaucoup pour leur prêter un abri plus sûr encore pendant le temps de leur sommeil léthargique qui dure quelquefois une saison entière. Les cynips passent ainsi l'hiver, sans avoir rien à redouter du froid et de la faim, et quand la belle saison vient consoler la nature, ils percent leur maison pour aller voltiger et prendre leurs ébats.

LES SPHÈGES.

Les premières chaleurs du printemps ont éveillé la nature engourdie par les rigueurs de l'hiver : les fleurs élèvent leurs tiges délicates et épanouissent leurs corolles parfumées. Les premières chaleurs du printemps ont encore animé une multitude innombrable de petits insectes qui s'en vont tournoyant dans les airs, bourdonnant dans les bois, bruissant dans les herbes, butinant sur les fleurs, guerroyant sur les sables. Leurs légions vives, alertes, folâtres, volent, sifflent, murmurent, grondent, crient, chantent; et par leurs mouvements capricieux, par leurs ébats joyeux, donnent de la vie aux plantes, par l'éclat de leur parure, embellissent les fleurs elles-mêmes.

Pendant les beaux jours, il vous est sans doute arrivé quelquefois de diriger vos pas dans des lieux sablonneux, exposés aux rayons d'un soleil ardent. Vous avez été étonné de trouver le désert peuplé d'une infinité d'insectes brillants, voltigeant avec vivacité, courant avec agilité, allant, sautillant, s'agitant avec une ardeur admirable. Quelques-uns se cachent dans de petits souterrains qui leur servent d'habitation, quelques autres paraissent prendre plaisir à errer de tous côtés; d'autres, moins pacifiques, semblent poursuivre leurs semblables et faire la guerre. Quelle agitation! quelle mobilité! quelle surabondance de vie!

Arrêtons-nous à examiner ce curieux insecte au corselet allongé et velu, à l'abdomen séparé du thorax par un long et grêle pédicule. Ses antennes sont toujours vacillantes, ses quatre ailes membraneuses tremblent sans cesse : on les dirait agitées d'un mouvement convulsif. C'est *le sphège du sable*; il se livre à un violent exercice, et creuse une cavité pour y loger sa progéniture. Il travaille avec tant d'ardeur qu'il fait voltiger autour de lui un nuage de poussière; les grains de sable les plus volumineux sont traînés avec courage en dehors de la galerie; enfin, la persévérance est couronnée du succès : la maisonnette est complétement terminée; elle est propre, spacieuse, très-convenable. Le sphège y dépose un œuf, et s'empresse d'aller chercher des provisions pour la jeune larve qui doit prochainement éclore.

Le sphège, instruit par un instinct que nous ne saurions trop admirer, change ses mœurs et ses habitudes. Il est généralement d'humeur tranquille et débonnaire, s'en allant paisiblement sucer le nectar des fleurs, manger le pollen autour de leurs étamines dorées. Il connaît les besoins de la larve, il sait qu'elle doit se nourrir de substances animales. Tout à coup il est devenu un animal dur, farouche, belliqueux. Il s'élance dans la campagne à la poursuite des insectes qui doivent devenir sa proie. Par une sage prévoyance, il ne s'attache qu'à des insectes mous et pouvant fournir une nourriture facile et abondante. Malheur aux larves pleines d'embonpoint et aux chenilles dodues ! Le sphège tombe dans un nid de chenilles processionnaires, et les enlève les unes après les autres. Au moment où il les saisit, il les perce avec l'aiguillon dont son abdomen est armé, et il verse dans la plaie une gouttelette d'un liquide vénéneux qui a la propriété de paralyser les mouvements sans ôter la vie. Les infortunées chenilles, ainsi blessées, sont placées les unes à côté des autres comme une provision de chair fraîche, pour servir successivement de pâture à la larve vorace du sphège. Cette larve, en effet, ne tarde pas à briser la coquille de l'œuf ; elle se jette avidement sur la nourriture placée à sa portée, et s'en repaît jusqu'à ce qu'elle soit assez développée pour se changer en nymphe. Comment la provision s'est-elle trouvée précisément dans la quantité nécessaire pour amener le jeune insecte à un complet développement? Rien ne manque, rien n'est superflu, tant l'instinct que le Créateur a donné à ces petits êtres, est un infaillible guide !

Le *sphège commun* s'attaque de préférence aux grosses araignées féroces : il leur livre des combats terribles où il remporte toujours la victoire. Dès qu'il aperçoit une toile bien tendue, pour arrêter au passage quelque imprudent moucheron, il se précipite courageusement sur la loge de l'araignée perverse. Il déchire la toile; il frappe sa victime d'un coup de poignard; il la saisit et l'emporte malgré sa résistance. Les pattes de l'araignée tombent coupées par les redoutables pinces de son impitoyable adversaire. Le hideux animal va expier dans les tortures les maux qu'il a faits aux malheureux qui sont tombés dans ses filets.

LES FOURMIS.

L'Écriture sainte, dans le livre de la Sagesse, renvoie le paresseux à la fourmi. Quel insecte, en effet, pourrait nous offrir un plus frappant modèle de persévérance, d'activité, de courage, d'ordre, d'union?

C'est une des plus louables fins que nous puissions nous proposer dans l'étude des diverses productions de la nature, que de chercher,

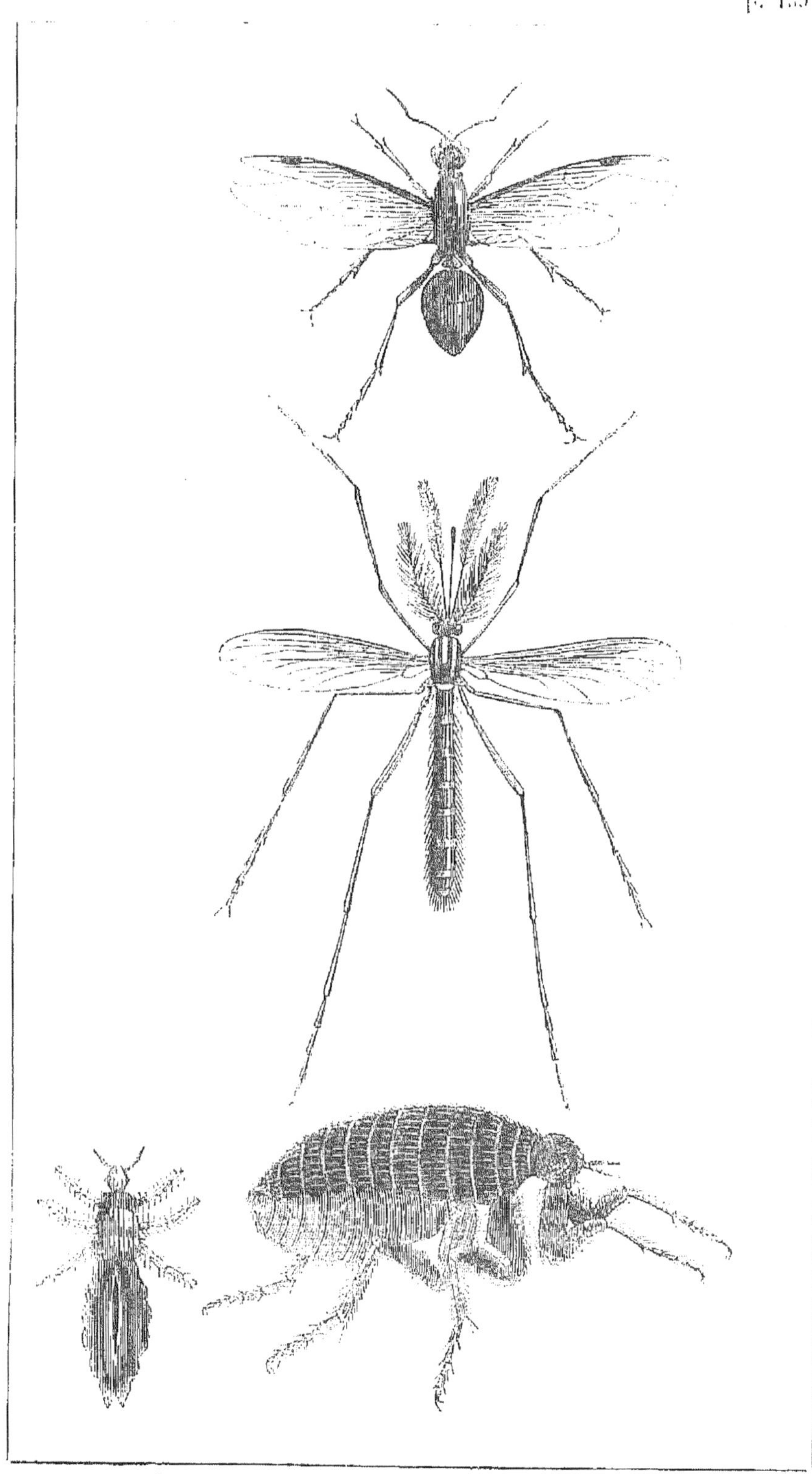

Fourmi rousse. — Cousin commun. — Puce. — Pou.

outre les sujets d'admiration et de reconnaissance envers le divin auteur de tout ce qui existe, des exemples de travail, d'obéissance, de soumission, et même d'ingénieuse industrie, de prévoyante économie, propres à nous fournir d'utiles leçons. L'univers devient ainsi un grand livre ouvert à nos yeux, où nous pouvons trouver de continuelles instructions et pour notre esprit et pour notre cœur.

L'histoire des fourmis, déjà célèbre, est devenue plus intéressante encore, dans ces derniers temps, par les curieuses expériences des naturalistes modernes. Nous y trouvons non-seulement des talents d'architecture très-prononcés, mais encore des mœurs et des habitudes dignes d'arrêter toute notre attention. La république des fourmis est régie par des lois admirables, par une constitution sagement ordonnée; elle nous présente des formes usitées chez plusieurs peuples civilisés. Nous voyons ici des peuples pasteurs, là des peuplades guerrières, ici des races sédentaires, plus loin des tribus errantes et nomades, comme les Arabes du désert.

Il n'est personne, sans doute, qui ne soit

curieux de faire un voyage dans la république des fourmis. Nous aurons un vif plaisir à les accompagner, à les guider, à leur servir de *cicérone*. Le petit monde des insectes est encore bien nouveau ; peu d'hommes, jusqu'à présent, y ont entrepris des voyages d'exploration, et pourtant rien n'est plus facile ni plus amusant que ces agréables expéditions ; une tige, une feuille, un brin d'herbe, nous offrent une contrée peuplée par plusieurs petites nations, de mœurs et de coutumes variées ; les endroits secs et sablonneux, le bord des eaux, la lisière des bois, la verdure des prairies, les jolies fleurs des champs, quels beaux et charmants pays à parcourir et à visiter !

Commençons notre voyage chez la nation des fourmis en examinant leurs constructions et leurs monuments d'architecture. Quels sont ces dômes élevés dont la gracieuse coupole s'arrondit et monte au milieu des forêts ? Avançons et étudions les détails de l'édifice. Tout l'extérieur est recouvert de petits fragments de bois, formant la toiture et s'inclinant vers le sol par une pente rapide pour faciliter l'écoulement des eaux pluviales. Tout est bien ménagé pour que l'inondation ne puisse pas pénétrer jusque dans l'intérieur de l'habitation. Vous voyez sur les côtés ces petites ouvertures irrégulières, ce sont les portes de la ville. Aujourd'hui elles sont ouvertes, parce que le ciel est serein et la température chaude; si le temps était triste et pluvieux, elles seraient exactement closes, et même, par crainte de surprise, soigneusement barricadées.

Nous voilà maintenant sous la voûte du dôme. On descend dans l'intérieur de la ville par des avenues circulaires disposées en forme de péristyles en spirale. Suivons la route battue et pénétrons plus avant. Quelle admirable symétrie! quelles dispositions surprenantes! En quel endroit sommes-nous arrivés? — Nous nous trouvons au centre de l'habitation, au milieu d'une place publique, dont le plafond est soutenu par de nombreux piliers. Une foule de rues viennent aboutir à cette place publique, comme des rayons à un point central. Ce vaste carrefour était nécessaire pour la libre circulation. C'est d'ailleurs un forum où les fourmis se rassemblent souvent, probablement pour délibérer sur les affaires de l'État.

Nous pouvons nous diriger au hasard par quelqu'une des rues que nous apercevons en si grand nombre. Apercevez-vous ces petites maisons bien alignées, bien gentilles et bien proprettes? C'est là le domicile particulier des citoyens. Voyez-vous, un peu plus loin, ces cases si régulières et ces longues galeries si élégantes? C'est là que sont soigneusement déposées les larves et les nymphes, espoir de la patrie, germes précieux de la postérité. Nous pouvons entrer et observer à loisir ces petits corps blancs, ovales, comme emmaillottés, ce sont les nymphes, appelées si improprement les *œufs des fourmis*. Bientôt leur enveloppe se brisera pour laisser sortir un nouveau citoyen. Un peu plus loin, nous apercevons les larves, petits vers pâles, entourés de mille soins et de mille précautions maternelles. Aujourd'hui chacun est paisiblement retiré et couché dans son dortoir; dans les beaux jours ordinairement les fourmis vont les exposer à la chaleur bienfaisante du soleil. On les transporte délicatement sous les toits de l'habitation, et au moindre danger, à la moindre alarme, au premier souffle d'un vent froid, à la première petite ondée, on les reconduit diligemment dans leurs logettes et dans leurs cellules.

Vous désirez, sans doute, voir maintenant les greniers d'abondance, l'entrepôt commun des provisions et des vivres, mis en réserve pour la mauvaise saison. Vous savez qu'en voyageant on perd toujours quelques-unes de ses illusions; et bien, vous apprendrez avec étonnement que les fourmis ne font jamais de magasins. Ce que nous serions tentés de prendre pour des vivres, ce sont le plus souvent les matériaux des réparations à faire à la ville, ou tout au plus quelques menues provisions pour la consommation journalière. Vous vous affligez de voir disparaître de l'histoire des fourmis un des traits les plus intéressants; mais réfléchissez un instant. A quoi bon les fourmis travailleraient-elles à remplir d'amples magasins, puisqu'elles n'en ont pas besoin durant la saison rigoureuse. Aussitôt, en effet, que les froids deviennent piquants et les forcent à rester au gîte, elles tombent dans un engourdissement léthargique, et passent ainsi, plongées dans le sommeil le plus profond, tout le temps de la saison mauvaise.

Quittons maintenant la ville des fourmis-fauves, pour aller visiter les admirables travaux des fourmis-sculpteuses. Chemin faisant, je vous ferai la description du palais des petites fourmis-rouges. Ces dernières sont encore plus savantes architectes que les premières. Elles forment un monticule de terre dans lequel est construit un merveilleux labyrinthe souterrain, composé de galeries, d'arcades bien cintrées et de diverses salles communiquant entre elles par des corridors réguliers. Les chambres se divisent en nombreuses cases ou logettes. On voit ailleurs de longues avenues et des places publiques, des colonnades, des contreforts et des arcs-boutants, qui soutiennent les voûtes et préviennent les éboulements. Quoiqu'il y ait parfois des irrégularités dans le plan de l'édifice, les diverses pièces néanmoins se rattachent avec goût l'une à l'autre, tantôt par une voûte hardie, jetée comme un pont entre deux bâtiments, tantôt par une galerie ouverte en œil-de-bœuf, pour communiquer d'un étage à l'autre. Les parties des bâtiments qui cadrent mal, les erreurs de construction sont démolies et réparées aussitôt qu'aperçues. On ne voit pas, comme dans nos villes, un mélange choquant de masures et de palais.

Les fourmis-sculpteuses ont une tâche plus rude encore que les fourmis-fauves et les fourmis-rouges. Avec leurs mandibules pour seul outil, elles creusent le bois le plus dur, et l'on est, malgré soi, frappé d'un vif étonnement, à la vue des ouvrages considérables qu'avec de si faibles moyens, ces petits animaux parviennent à exécuter dans le tronc des arbres.

Écoutons Huber, célèbre naturaliste genèvois, qui nous a fait connaître les principaux traits des mœurs des fourmis.

« Qu'on se représente l'intérieur d'un arbre entièrement sculpté, des étages sans nombre, plus ou moins horizontaux, dont les planchers et les plafonds, à cinq ou six lignes de distance les uns des autres, sont aussi minces que des cartes à jouer, supportés tantôt par des cloisons verticales, formant une infinité de cases, tantôt par une multitude de petites colonnes, qui laissent voir entre elles la profondeur d'un étage presque entier ; le tout d'un bois noirâtre et enfumé, et l'on aura une idée assez juste de l'habitation des fourmis-fuligineuses.

« La plupart des cloisons verticales qui divisent chaque étage en compartiments, sont parallèles ; elles suivent le sens des couches ligneuses, toujours concentriques, ce qui donne un air de régularité à l'ouvrage. Les planchers pris dans leur ensemble sont horizontaux : les petites colonnes sont d'une à deux lignes d'épaisseur, plus ou moins arrondies, d'une hauteur égale à l'élévation de l'étage qu'elles supportent, plus larges au haut et au bas que dans le milieu, un peu aplaties à leur extrémité et rangées en lignes, parce qu'elles ont été taillées dans des cloisons parallèles.

« Quels nombreux appartements, quelle multitude de loges, de salles, de corridors, ces insectes ne se procurent-ils pas par leur seule industrie, et quel travail une si grande entreprise n'a-t-elle pas dû leur coûter ? Ici, ce sont des galeries horizontales, cachées en grande partie par leurs parois, qui suivent les couches ligneuses dans leur forme circulaire ; ces galeries parallèles, séparées par des cloisons très-minces, n'ont de communication que par quelques trous ovales pratiqués de distance en distance. Là, des parois percées de toutes parts sont transformées en colonnades qui soutiennent les étages et laissent une communication parfaitement libre dans toute leur étendue ; le parquet creusé en forme de sillons inégaux, sert à retenir les larves des fourmis.

« Les étages creusés dans de grosses racines offrent plus d'irrégularités que ceux qui sont pratiqués dans le tronc même de l'arbre ; on y trouve encore des étages horizontaux et de nombreuses cloisons ; mais si l'ouvrage est moins régulier, il gagne du côté de la délicatesse, car les fourmis profitent alors de la dureté de la matière, pour donner à leur bâtiment une extrême légèreté. Elles savent aussi recueillir les débris de bois qu'elles ont détachés, les unir ensemble à l'aide d'une bave visqueuse, et s'en servir pour calfeutrer les fentes et les ouvertures inutiles. »

Maintenant que nous connaissons les habitations des fourmis, par notre visite domiciliaire chez les fourmis-fauves et les fuligineuses, appliquons-nous à étudier les mœurs des peuplades les plus importantes.

Les fourmis sont très-avides de substances sucrées : elles en font leur principale nourriture. Venez considérer avec moi une singulière manœuvre de quelques petites fourmis qui rôdent sur ces branches de rosier. Elles semblent caresser de leurs antennes les pucerons qui s'y trouvent en grand nombre et leur prodiguer les signes de la plus vive affection. C'est l'intérêt et la gourmandise qui les attirent ainsi à la suite des bandes de pucerons. Ceux-ci laissent épancher continuellement un liquide mielleux par deux tubes situés à l'extrémité de leur abdomen. Les fourmis sont là pour s'emparer de la précieuse liqueur, à mesure qu'elle coule, et même elles flattent doucement les pucerons de leurs pattes et de leurs antennes, pour les engager à laisser couler plus abondamment le délicieux nectar. Quand elles en sont rassasiées, elles courent à la fourmilière pour faire part de leur bonne fortune à leurs compatriotes ; les fourmis ne sont point égoïstes, elles partagent leur bien avec celles qui manquent. En effet, observez ce qui se passe ici sous nos yeux. Une petite fourmi semble tomber aux pieds de celle qui revient de butiner et lui demander une portion de son précieux liquide. Une gouttelette de la liqueur sucrée est suspendue à la trompe de la distributrice, et l'autre se met en devoir de la sucer. Elle a reçu sa pitance, elle s'éloigne maintenant alerte et joyeuse.

Pendant la mauvaise saison, les pucerons sont l'unique ressource de plusieurs espèces de fourmis. Les fourmis-jaunes, entre autres, qui ne sortent presque jamais de leurs demeures, et qui ne vont guère festiner sur les fleurs et sur les fruits, savent enfermer avec elles, dans leurs souterrains, tout un troupeau de pucerons chargés de les nourrir ; en remuant les fourmilières, on voit les racines qu'elles ont soin de conserver, couvertes de plusieurs espèces de pucerons. « La fourmilière, dit encore Huber, est plus ou moins riche, suivant qu'elle a plus ou moins de pucerons : c'est leur bétail, ce sont leurs vaches et leurs chèvres. On n'eût pas deviné que les fourmis fussent des peuples pasteurs ! »

Ce qu'il y a de plus merveilleux dans le gouvernement de nos petits républicains, c'est l'amour ardent dont chacun se sent animé pour le bien de l'État ; tous sont prêts, au besoin, à braver tous les périls, à sacrifier leur vie pour le salut commun. Voici un acte d'incomparable courage. Dans la dévastation d'une fourmilière, une grosse fourmi horriblement coupée en deux, eut la force de redresser son corps mutilé, de saisir une nymphe égarée, de la reporter triomphalement au fond de la demeure : elle mourut épuisée après cet incroyable effort de dévouement et de patriotisme.

Qui ne se sentirait ému d'un tendre intérêt, en contemplant les petites fourmis s'agiter autour d'une de leurs sœurs blessée, pour essayer de calmer ses souffrances. Latreille, ayant coupé les antennes à une fourmi, observa l'une de ses compatriotes qui s'empressait autour de la pauvre malade, et qui versait sur ses plaies une petite goutte de salive sucrée, comme un baume salutaire.

Cependant cette nation si fière, qui ne connaît point de maître, a parfois des guerres à soutenir et se trouve contrainte à subir la loi du plus fort. Plusieurs espèces de grandes fourmis féroces, comptant sur la vigueur de leurs mandibules et sur leur force physique, aiment mieux entreprendre des conquêtes que de travailler. Elles sont montées sur de longues jambes et portent pour armes de guerre une bouteille à venin, un aiguillon empoisonné et des mandibules arquées. Leur démarche est brusque, hardie, soldatesque, et leur physionomie porte l'empreinte de la dureté et de la colère.

Écoutons l'intéressant récit du célèbre Huber. « Un soir, dit-il, je vis à mes pieds uné légion d'assez grosses fourmis-rousses qui, après de longs circuits dans la prairie, arrivèrent près d'un nid de fourmis noires-cendrées, dont le dôme s'élevait au milieu du gazon. Quelques fourmis de cette espèce se trouvaient à la porte de leur habitation. Dès qu'elles découvrirent l'armée qui s'approchait, elles s'élancèrent sur celles qui se trouvaient à la tête de la cohorte; l'alarme se répandit au même instant dans l'intérieur du nid, et leurs compagnes sortirent en foule de tous les souterrains. Les fourmis-rousses, dont le gros de l'armée n'était qu'à deux pas, se hâtèrent d'arriver au pied de la fourmilière; toute la troupe se précipita à la fois et culbuta les noires-cendrées, qui, après un combat très-court, mais très-vif, se retirèrent dans leur habitation : les fourmis-rousses gravirent les flancs du monticule, s'attroupèrent sur le sommet et s'introduisirent en grand nombre dans les premières avenues; d'autres groupes de ces insectes travaillèrent avec leurs mandibules à pratiquer une ouverture vers la partie latérale de la fourmilière : cette entreprise leur réussit, et le reste de l'armée pénétra par la brèche dans la cité assiégée. Elles n'y firent pas un long séjour : trois ou quatre minutes après, les fourmis-rousses sortirent à la hâte par les mêmes issues, tenant chacune à la bouche une larve ou une nymphe de la fourmilière envahie. Elles reprirent exactement la route par où elles étaient venues et se mirent sans ordre à la suite les unes des autres. Près de la fourmilière qui avait souffert cet assaut, on voyait un petit nombre d'ouvrières noires-cendrées, perchées sur des brins d'herbe, tenant à leur bouche quelques larves qu'elles avaient sauvées du pillage et qu'elles rapportèrent à leur habitation.

« Je suivis les fourmis-rousses chargées d'un ample butin d'œufs, de larves et de nymphes, et j'arrivai avant elles à leur demeure; mais quelle fut ma surprise, en voyant à la surface un grand nombre de fourmis noires-cendrées. Je soulevai la couche extérieure de l'édifice, il en sortit encore davantage, et je commençais à croire que c'était aussi une de ces fourmilières pillées par les fourmis-rousses, lorsque je vis arriver à la porte du nid la légion de celles-ci, chargée des trophées de la victoire. Son retour ne causa aucune alarme aux noires-cendrées; les fourmis-rousses descendirent avec leur proie dans les souterrains, les noires-cendrées ne parurent pas s'y opposer; j'en vis même plusieurs s'approcher sans crainte de ces fourmis guerrières, prendre quelques-uns de leurs fardeaux et les emporter dans le nid.

« Cette singulière découverte piqua vivement ma curiosité; pour connaître les relations de ces deux espèces de fourmis, j'ouvris une de leurs fourmilières, et j'y trouvai un grand nombre de fourmis-rousses au milieu des noires-cendrées, et je commençai à acquérir quelques notions sur leurs rapports mutuels. Les noires-cendrées s'occupèrent tout de suite à rétablir les avenues de la fourmilière mixte et emportèrent dans les souterrains les larves et les nymphes que j'avais mises à découvert. Les rousses, au contraire, passèrent indifférentes sur les larves sans les relever, et ne se mêlèrent pas un instant aux travaux des noires-cendrées.

« Mais bientôt la scène change tout à coup. Plusieurs fourmis-rousses quittent la fourmilière, s'approchent de toutes celles qu'elles voient venir et les touchent avec leurs antennes pour leur donner le signal du départ. Une colonne s'organise, s'avance en ligne droite et traverse la prairie; elle s'avance avec rapidité, et cependant on n'y remarque aucun chef: toutes les fourmis se trouvent tour à tour les premières; dans leur ardeur, elles semblent chercher à se devancer. Arrivées à plus de vingt pieds de leur habitation, elles s'arrêtent, se dispersent, et tâtent le terrain avec leurs antennes, comme des chiens flairant le gibier; elles découvrent bientôt une fourmilière souterraine. Les noires-cendrées sont restées au fond de leur demeure; les fourmis-rousses, ne trouvant aucune opposition, pénètrent dans une galerie ouverte; toute l'armée entre successivement dans le nid, s'empare des nymphes et sort par plusieurs issues; aussitôt elles prennent la route de la fourmilière mixte, courant à la file avec rapidité; les dernières qui sortent de la fourmilière assiégée, sont poursuivies par quelques-uns des habitants qui cherchent à leur dérober leur proie; mais il est rare qu'ils y parviennent.

« Suivons encore la troupe pillarde. Elle retourne à l'assaut de la fourmilière qu'elle a déjà dévastée, ses habitants ont eu le temps de se rassurer et de placer de fortes gardes à chaque porte. Les rousses, en trop petit nombre d'abord, fuient lorsqu'elles voient les noires-cendrées en défense; elles retournent vers leur troupe, s'avancent et reculent à plusieurs reprises, jusqu'à ce qu'elles se sentent en force; alors elles se jettent en masse sur une des galeries, chassant, mettant en déroute les noires-cendrées; toute l'armée est introduite dans la cité souterraine et enlève une grande quantité de larves qu'elle emporte à la hâte; mais on ne voit jamais les rousses emmener d'insectes parfaits, c'est aux larves seules qu'elles en veulent. A leur retour à la fourmilière mixte, les larves reçoivent encore le meilleur accueil: les noires-cendrées ont serré la première récolte; chacune des rousses posede rechef sa nymphe à l'entrée de l'habitation, ou la remet immédiatement à quelque noire-cendrée, et celle-ci s'empresse de la porter dans l'intérieur du nid. »

Plus tard les larves et les nymphes devenues insectes parfaits, sont transformées en ouvrières et ne travaillent plus que pour l'avantage de leurs nouveaux maîtres. Elles préparent la nourriture, elles prennent soin des réparations de la cité. Possédant toute la confiance de leurs patrons, elles ont vraiment le maniement des affaires publiques, et obtiennent la plus honorable souveraineté, celle qui a pour fondement la prudence et le talent.

Notre voyage étant heureusement terminé, pouvons-nous nous empêcher de laisser s'exhaler de notre âme un cri de surprise et d'admiration! Quels étonnants instincts! quels prodigieux travaux! quelle surprenante organisation! quelle diversité de mœurs! La création n'est-elle pas un miroir qui réfléchit aux yeux de l'homme attentif les infinies perfections de Dieu?

LES GUÊPES ET LES FRELONS.

Lafontaine a dit dans quelque endroit que l'art de construire des cellules, dans le genre de celles des abeilles, surpasse le talent et le savoir des frelons. Ce jugement de notre bon fabuliste est un peu trop sévère. Quoique les guêpes et les frelons composent une troupe fort incommode, on ne peut cependant, sans injustice, leur refuser le génie des constructions symétriques. Ce ne sont pas sûrement des architectes de premier mérite, mais il n'est pas nécessaire d'égaler l'industrie merveilleuse des abeilles, pour avoir droit à des approbations : il existe des travailleurs plus modestes qu'il ne faut jamais calomnier. Les guêpes et les frelons forment des sociétés laborieuses et habiles, qui savent bâtir des cellules très-légères, assez élégantes, d'ailleurs parfaitement appropriées aux besoins de la famille, parfaitement convenables pour leur destination.

Les nids des guêpes prennent des formes très-variées. Quelques-uns ressemblent à une grappe suspendue à une branche d'arbre ou à l'angle d'une muraille; d'autres, à un vase rempli de petites cellules, porté sur un pédicule assez allongé; d'autres, à de grosses fleurs ternes et décolorées, dont les pétales seraient remplacés par des lames sèches et légères. On ne voit pas sans surprise, suspendus à l'extrémité des branches du chêne ou du bouleau, d'énormes guêpiers, sous la forme d'une cloche ou d'un ballon. La plupart de ces hyménoptères se font une habitation souterraine, comme la guêpe commune. C'est une vaste entreprise pour de si chétifs animaux, dont l'exécution serait propre à piquer notre curiosité, si nous pouvions nous décider à prendre quelque intérêt à connaître les ressources et l'industrie d'insectes qui causent tant de dégâts.

Les guêpes commencent par creuser dans la terre une galerie sinueuse et assez profonde pour que l'eau des pluies ne puisse, par infiltration, y causer une humidité mortelle. A l'aide de leurs mandibules et de leurs pattes, elles parviennent, avec des fatigues inouïes, mais aussi avec un courage et avec une énergie incroyables, à creuser leur souterrain en fort peu de temps. Pour s'épargner cette rude besogne, elles s'établissent quelquefois tout simplement dans le trou abandonné de quelque taupe. Par ce moyen leur tâche est considérablement simplifiée ; il ne leur reste qu'à nettoyer leur domicile et à le disposer suivant leur convenance ou leur bon plaisir.

C'est toujours au fond de la galerie que se trouve établi le guêpier, de forme arrondie, composé de plusieurs étages de cellules rangées régulièrement et distribuées mathématiquement, comme celles des abeilles. Les matériaux de la construction ressemblent beaucoup à du papier gris ou à un carton léger. C'est une préparation particulière, dont les guêpes possèdent le secret, composée de petits fragments d'écorce broyés d'une manière très-fine et unis solidement par une espèce de bave visqueuse qu'elles dégorgent à volonté. L'intérieur présente des distributions bien entendues et pleines de goût. Les gâteaux, placés d'un seul côté, sont séparés les uns des autres par de petits planchers soutenus sur des piliers qui en assurent la solidité et qui ne gênent en rien la circulation des habitants du guêpier. Il est très-curieux de voir les guêpes à l'ouvrage : elles marchent à reculons, frappent attentivement la matière qu'elles façonnent avec leur tête et avec leurs pattes, la polissent avec leurs mâchoires, reviennent à plusieurs reprises avec une patiente persévérance, et ne s'en vont que lorsqu'elles ont obtenu le fini et la solidité convenables.

Nous avons vu jusqu'à présent le beau côté de l'histoire des guêpes, continuons jusqu'au bout. Gardez-vous d'approcher trop près de l'habitation des guêpes : ce sont des animaux d'un mauvais voisinage ; surtout ne vous avisez pas d'attaquer leur repaire sans précaution, vous ne manqueriez pas d'éprouver que leur aiguillon cause une blessure très-douloureuse. Il n'y a guère d'animal dont la piqûre soit plus cuisante que celle du frelon : défiez-vous toujours de cette bête-là, elle est traître et méchante.

Les mœurs des guêpes sont cruelles, leurs habitudes, rapaces et sauvages. Elles forment des attroupements qui parcourent la campagne pour piller et dévaster. Souvent elles font des invasions dans les ruches des abeilles, se gorgent de miel, et massacrent les larves et les nymphes. D'une gourmandise insatiable, elles se jettent sur les meilleurs de nos fruits, aussitôt qu'ils commencent à mûrir. Leurs mâchoires immondes souillent et gâtent les belles pêches vermeilles, les poires dorées, les raisins transparents. Ces insectes farouches sont paresseux et imprévoyants ; ils n'amassent point de provisions pour l'hiver. Dès les premiers froids de l'automne, on les voit dans les campagnes périr de froid et de misère.

Les guêpes et les frelons sont devenus, dans le langage du peuple, l'emblème de la malice et de la cruauté.

LES ABEILLES.

Les fourmis industrieuses ne sont pas les seuls insectes qui forment des sociétés régulières ; il suffit de citer les abeilles diligentes qui recueillent pour nous, dans la corolle des fleurs, le doux nectar de leur miel. Dans tous les pays et à toutes les époques, les abeilles ont fixé l'attention des naturalistes et des sages, et depuis Aristote jusqu'à Rédarès, on a écrit bien des volumes sur leur intéressante histoire. Les anciens, qui plaçaient partout le merveilleux, n'ont pas manqué d'embellir leurs récits par de riches et brillantes fictions. Pendant fort longtemps, dans l'histoire naturelle, la fable remplaça la vérité, parce que l'imagination avait remplacé l'observation. Grâce aux travaux et aux recherches de patients et savants naturalistes, et surtout aux expériences de M. Huber de Genève, la science des abeilles est devenue tout aussi positive que celle des autres animaux.

Les abeilles et les fourmis ne sont pas régies par les mêmes principes : les unes sont soumises à un gouvernement monarchique, tandis que les autres obéissent à un gouvernement démocratique. Elles se distinguent les unes et les autres par la vigilance, par l'activité, par l'amour de l'ordre et du travail, autant que par leur bonne organisation sociale. Les abeilles et les fourmis formeront toujours une excellente école, où beaucoup d'hommes pourront apprendre les vertus qui leur manquent.

Dans le principe, les abeilles vivaient dans les bois en sociétés nombreuses ; un vieux tronc d'arbre, rongé par le temps et la vétusté, une cavité rocailleuse leur prêtaient asile. On trouve encore de ces peuplades libres dans les forêts de l'Europe et de l'Asie. A l'état sauvage, les abeilles produisent beaucoup plus qu'à l'état domestique. Leurs ruches naturelles et solitaires fournissaient aux premiers hommes une nourriture saine, abondante et précieuse. Les observateurs de la nature, qui voyaient le produit de ces insectes devenir de jour en jour d'une utilité plus générale, cherchèrent à les fixer dans un état permanent de domesticité. Ils durent, sans doute, parvenir facilement à leur but, mais l'époque de cette éducation date de loin, et même si l'on veut en chercher la première origine, on ne tarde pas à se convaincre qu'elle se perd dans la nuit des temps.

Toute ruche est peuplée d'habitants de trois sortes, organisés diversement suivant leur destination : ce sont la reine, les ouvrières et les bourdons. Esquissons un peu les traits des individus qui composent chaque classe : si nous ne pouvons en présenter un portrait fini, donnons au moins un croquis fidèle.

La reine ou mère-abeille se montre avec la forme typique des abeilles mellifères, mais son abdomen est beaucoup plus allongé et plus renflé à sa base. Il est armé d'un aiguillon terrible, dont elle est quelquefois obligée de faire usage. Destinée à gouverner, à commander, à donner naissance à de nouvelles populations, exempte de rudes travaux, auxquels se livrent tous les membres de la famille, elle n'a point les instruments que nous allons étudier et admirer chez les ouvrières.

Les ouvrières forment l'immense majorité de la population d'une ruche : leur nombre varie de vingt à vingt-cinq mille, tandis qu'on ne compte que quelques centaines de bourdons. Ce sont elles qui sont chargées de l'exécution de tous les grands travaux nécessaires à l'établissement et à la conservation de la société. Leur organisation admirable les destinait évidemment à être les architectes de la ville commune, et en même temps à récolter sur les fleurs les provisions indispensables. Leurs jambes postérieures présentent un enfoncement triangulaire, en forme de palette ou de corbeille, où elles amassent la poussière des fleurs. Le premier article des tarses postérieures, très-dilaté et couvert de poils épais, est une véritable brosse, avec laquelle l'abeille enlève le pollen, dont elle s'est couverte en butinant sur les corolles. Ses fortes mandibules servent à façonner la cire ; la trompe, fléchie pendant le repos, s'étend à volonté pour aspirer les sucs mielleux. Enfin, les abeilles ouvrières, chargées encore de la défense de la cité, sont munies d'une arme redoutable. Elles portent d'ailleurs en elles-mêmes une énergie intraitable ; elles sont douées d'un courage invincible, porté quelquefois jusqu'à l'audace. Elles savent faire respecter leur domicile ; malheur au téméraire qui viendrait imprudemment les attaquer ! l'homme lui-même ne pourrait les troubler impunément ! L'aiguillon consiste en une pointe très-aiguë, protégée par deux pièces accessoires, dentelées sur leurs bords comme un fer de flèche. Cette disposition ne s'oppose nullement à l'introduction du dard dans les chairs, mais empêche absolument sa sortie :

l'abeille ne peut le tirer qu'avec de grandes précautions : aussi dans son irritation le laisse-t-elle souvent dans la plaie, et perd-elle la vie avec son armure. Ainsi, l'abeille semble destinée à nous donner cette leçon utile : que la violence est presque toujours fatale à celui qui l'emploie. La piqûre de l'abeille cause toujours une douleur très-poignante, moins par la blessure produite par l'aiguillon, que par l'inoculation d'une petite gouttelette d'un venin très-actif, toujours mortel pour le plus grand nombre de ses ennemis.

Les bourdons ou les mâles, que les naturalistes aimeraient mieux entendre appeler *frelons*, sont dépourvus d'armes et d'outils de travail. C'est une troupe paresseuse qui s'écarte peu de la ruche, qui préfère se nourrir des provisions déjà faites que d'aller les recueillir sur les fleurs. Ce sont des membres parasites, qu'on souffre par nécessité, pendant les chaudes journées de l'été, mais qui seront sacrifiés, au commencement de la saison rigoureuse, comme des bouches inutiles. Vers la fin de l'automne, quand le soleil est moins ardent, quand les fleurs sont avares de leurs trésors, les abeilles, jusqu'alors douces et pacifiques, deviennent dures, méchantes et cruelles; elles massacrent impitoyablement tous les bourdons de la ruche, dont les cadavres jonchent tristement la terre.

C'est surtout en étudiant les travaux des abeilles, que nous apprécierons mieux et leurs mœurs, et leurs instincts, et toute leur organisation sociale. Nous trouverons souvent dans ce spectacle intéressant l'occasion d'admirer la bonté infinie de l'éternelle Providence!

Lorsqu'une colonie d'abeilles a choisi sa demeure, elle commence immédiatement son œuvre d'appropriation. On dirait que le travail est un besoin chez ces insectes, tant ils s'y portent avec ardeur. Chacun des membres de la grande famille a sa besogne déterminée; tandis que les uns restent au logis pour le nettoyer, les autres voltigent dans la campagne pour recueillir une substance amère, nommée *propolis*, qui doit servir à fermer exactement toutes les fentes et à enduire tout l'intérieur de l'habitation. Le propolis est une sorte de liqueur résineuse, de couleur rougeâtre, qui se trouve principalement sur les bourgeons de certains arbres. Cette substance est employée avec promptitude et avec industrie ; elle a quelquefois servi à préserver la société d'accidents funestes. Une limace imprudente s'était engagée témérairement dans l'intérieur d'une ruche. A l'aspect d'un ennemi d'un genre inconnu, les abeilles sont alarmées. Bientôt elles fondent sur lui et le criblent de coups d'aiguillon. La limace a beau se replier sur elle-même et se couvrir d'une bave épaisse, elle expire bientôt. Nos abeilles essaient de tirer son cadavre et de le jeter au dehors. La masse trop considérable résiste à leurs efforts réunis. Que faire, cependant ? le corps, en se décomposant, va remplir la ruche d'exhalaisons funestes. Une résolution ingénieuse est bientôt arrêtée ; les abeilles se dispersent dans les champs, ramassent une grande quantité de propolis et en recouvrent tellement le corps de la limace, qu'il peut subir la décomposition cadavérale sans infecter la ruche. On a vu des mulots, qui avaient osé troubler la tranquillité publique, périr de même, percés de mille coups d'aiguillon et ensevelis sous une couche de propolis, sur la place où ils avaient été tués.

L'habitation commune est proprement disposée : les travaux en cire vont commencer. Il faut maintenant élever la partie la plus essentielle de l'édifice, les alvéoles, pour loger les larves, espoir de la postérité, et pour renfermer les provisions de pollen et de miel.

On a longtemps ignoré la nature et l'origine de la cire, mise en œuvre par les abeilles. Un auteur ancien a émis l'opinion que la poussière fécondante des plantes était la cire brute avec laquelle les abeilles formaient leurs rayons. Depuis cette époque tous les naturalistes se sont fait l'écho de cette assertion, sans chercher à la vérifier. Un botaniste illustre, B. de Jussieu, disait encore dans le siècle dernier, qu'il s'était assuré que le pollen des fleurs contenait les principes de la cire parfaite. Cependant Huber fils est venu, par des expériences positives, ruiner l'opinion de ses devanciers et démontrer que la cire est produite par le miel et les matières sucrées élaborés dans des organes propres aux abeilles. Ses observations ont été justifiées par l'examen attentif des faits. Ses expériences, répétées par tous les savants de l'Allemagne et par la plupart des naturalistes de France, ont amené le même résultat : tous, en séquestrant les abeilles d'une ruche et en les nourrissant dans leur prison avec du miel ou des matières saccharines, les ont vues produire de très-beaux et de très-forts rayons de cire.

C'est dans leur second estomac que les abeilles élaborent la cire : elles la dégorgent ensuite par la trompe sous une forme écumeuse et blanchâtre. Plusieurs naturalistes et éducateurs d'abeilles ont remarqué ce fait intéressant. Néanmoins, on est forcé de convenir que toute la cire employée par les abeilles n'est point produite de cette façon. Schirach vit sortir la cire, en petites lamelles, des anneaux inférieurs de l'abdomen aux hyménoptères. M. Audouin, professeur au Jardin-des-Plantes, à Paris, indique encore cette sécrétion comme la plus abondante. Dans l'état actuel de la science, il faut donc admettre que la cire des abeilles provient de deux organes élaborateurs, du second estomac, et de la membrane qui unit les anneaux de l'abdomen.

Ces insectes industrieux travaillent la cire avec un art admirable. Leurs outils sont leurs mandibules et leurs pattes. Ils savent disposer leurs alvéoles sur un plan si parfait, d'après des formes mathématiques si bien combinées, qu'ils ont adopté précisément la figure qui ménage le plus et la place et les matériaux. C'est un véritable problème géométrique résolu d'une manière irréprochable. Qui a pu enseigner aux abeilles à se construire des gâteaux composés d'alvéoles à six faces, d'une régularité si surprenante ? N'est-ce pas celui dont la providence s'étend jusqu'aux plus faibles moucherons ? Les talents d'architecture, si extraordinaires chez plusieurs animaux, sont une nouvelle manifestation de la sagesse du Créateur !

Un rayon ou gâteau est la réunion des cellules ou alvéoles, placés sur deux faces opposées. Réaumur, dans ses mémoires sur l'histoire naturelle, dit qu'un rayon, composé de vingt-cinq centimètres de long sur vingt-huit de large, peut contenir neuf mille cellules communes. Swammerdam assure qu'une bonne ruche peut en contenir cinquante mille. Les rayons sont plus ou moins nombreux dans une ruche, mais communément on en compte de six à huit.

Les abeilles commencent leur ouvrage par

le point le plus élevé de la ruche, et elles établissent les fondements de tous les rayons avant de les finir. A peine ont-elles conduit un rayon à une certaine longueur, qu'elles en ébauchent un autre; de sorte que, dans deux ou trois jours, leur habitation présente le commencement de tous les rayons qu'elle contiendra. La rapidité avec laquelle les abeilles établissent leur ruche est incroyable. Des gâteaux de plusieurs centimètres de diamètre sont l'ouvrage d'un seul jour, et, dans la saison chaude, par un beau temps, leur habitation est finie en moins d'une semaine. C'est un curieux spectacle de voir ce peuple d'insectes occupés à construire. D'un côté, c'est un architecte qui pose les fondements, établit les dimensions et mesure les espaces; de l'autre, c'est un sculpteur qui façonne et qui embellit. Ici, c'est un ouvrier qui charrie la matière; là, c'est un autre qui la prépare, qui la taille et qui la met en œuvre. Enfin, représentez-vous vingt mille ouvriers construisant un grand et somptueux palais, et vous aurez quelque idée d'un essaim en travail.

Aussitôt que les cellules sont achevées, la

reine, qui seule doit multiplier l'espèce, commence la ponte qui dure jusqu'à l'automne. Dans sa vigilante sollicitude, elle ne confie ses œufs aux alvéoles que lorsqu'elle les a visités elle-même. Si par hasard elle dépose plusieurs œufs dans la même cellule, les ouvrières se hâtent d'enlever les œufs surnuméraires. Il n'y a pas d'exemple dans la nature d'une fécondité aussi extraordinaire que celle de la mère-abeille; le nombre des œufs qu'elle dépose chaque année peut s'élever à cinquante ou soixante mille.

Le développement des abeilles à leurs différents états est extrêmement rapide. Les œufs ne tardent pas à éclore sous l'influence de la température qui les enveloppe. Ils laissent échapper une petite larve, ridée circulairement et d'un blanc bleuâtre. Les abeilles nourrices lui préparent, pour sa nourriture, une espèce de bouillie gélatineuse, d'un goût insipide, que le naturaliste Huber croit être un mélange de pollen et de miel, soumis dans l'estomac des abeilles à une élaboration préparatoire. Les nourrices distribuent cette bouillie avec des soins et des précautions incroyables : elles en modifient la qualité selon l'âge et l'espèce de l'individu qui doit se développer. D'abord elles la font légère et sans saveur, ensuite plus nourrissante et moins insipide. Les larves de reine ont une nourriture particulière, semblable à une gelée épaisse, et qui seule est capable de donner tout leur accroissement aux organes du jeune insecte. Aujourd'hui, il paraît démontré que les œufs de reine sont semblables aux œufs d'ouvrières, et que la différence de nourriture produit seule un changement d'organisation.

Lorsque les larves sont arrivées à leur entier développement, elles tapissent leur cellule d'un léger tissu de soie; en même temps les ouvrières en ferment l'ouverture par une cloison en cire. Enfin les nymphes brisent de tous les côtés à la fois leurs liens et la porte de leur prison. La population de la ruche s'accroît démesurément, et bientôt elle sera si considérable, que la ruche ne pourra plus la contenir. Une partie devra nécessairement émigrer pour s'en aller fonder ailleurs une nouvelle colonie. Un grand tumulte se fait entendre, les abeilles voltigent de tous côtés comme pleines d'inquiétude. Enfin la reine s'élance au dehors, et un joyeux essaim se précipite après elle. Ordinairement après s'être balancé quelques instants au-dessus de la ruche qu'il veut abandonner, l'essaim va se poser sur quelque arbre voisin, où on peut le recueillir, pour l'établir dans une ruche nouvelle.

Les abeilles de la ruche-mère, privées de leur reine, se hâtent d'aller délivrer celle qui, la première, est arrivée à l'état d'insecte parfait. Cette reine doit dominer seule dans la ruche ; la présence de toute rivale jetterait dans la société le désordre, la division ; toutes les jeunes reines encore captives sont donc destinées à périr. C'est la reine elle-même qui se charge du massacre, Huber va nous le raconter : « Dans une ruche où se trouvaient cinq ou six cellules royales, la jeune reine, sortie de son berceau depuis dix minutes à peine, alla visiter les autres cellules encore fermées ; elle se jeta avec fureur sur la première qu'elle rencontra. A force de travail elle parvint à en ouvrir la pointe, nous la vîmes tirailler avec ses mandibules la soie de la coque qui y était renfermée ; mais probablement ses efforts ne réussissaient pas à son gré, car elle abandonna le bout de la grande cellule, et alla travailler à l'extrémité opposée, où elle parvint à faire une plus grande ouverture. Elle se retourna pour y introduire son ventre, et fit divers mouvements en tous sens jusqu'à ce qu'elle réussît à frapper sa rivale d'un coup d'aiguillon. Alors elle s'éloigna de cette cellule, et les ouvrières, qui, jusqu'à ce moment, étaient restées spectatrices de son travail, se mirent, après qu'elle eut quitté la cellule, à agrandir la brèche qu'elle avait faite, et en tirèrent le cadavre d'une reine à peine sortie de son enveloppe de nymphe.

« Pendant ce temps, la jeune reine victorieuse se jeta sur une autre cellule royale et y fit également une large ouverture; mais elle ne chercha pas y introduire son dard. Cependant la nymphe que contenait cette cellule ne put échapper davantage à la mort qui l'attendait. En effet, dès qu'une grande cellule est ouverte avant le temps, les ouvrières en tirent ce qu'elle contient sous quelque forme qu'il s'y trouve, de larve, de nymphe ou d'insecte parfait, et la reine libre ne manque pas d'entamer tous les alvéoles royaux. »

Quelquefois la victoire n'est pas aussi facile; ce n'est pas contre une nymphe embarrassée, c'est contre une ennemie égale en force et en courage que la reine doit combattre : quand il arrive qu'une jeune reine échappée de sa prison apparait au milieu de la ruche que gouverne déjà une souveraine, il s'engage un duel terrible qui se termine toujours par la mort d'une des rivales. « Dès que les deux reines furent à portée de se voir, dit Huber, témoin d'un combat, elles s'élancèrent l'une contre l'autre, avec l'apparence d'une grande colère et se mirent dans une situation telle que chacune avait ses antennes prises dans les mâchoires de son ennemie, la tête, le corselet, le ventre de l'une étaient opposés à la tête, au corselet, au ventre de l'autre; elles n'avaient qu'à replier l'extrémité postérieure de leur corps, elles se seraient percées réciproquement de leur aiguillon et seraient mortes toutes les deux dans ce combat. Mais la nature n'a pas voulu que leurs duels fissent périr les deux combattantes : on dirait qu'elle a ordonné aux reines qui se trouveraient dans la situation périlleuse que je viens de décrire, de se séparer à l'instant même. Aussi dès que les deux rivales sentirent que leurs aiguillons allaient se croiser, elles se dégagèrent l'une de l'autre et chacune s'enfuit de son côté.

« Quelques instants après que nos deux reines se furent séparées, leur crainte cessa, et elles recommencèrent à se chercher ; bientôt elles s'aperçurent, et nous les vîmes courir l'une contre l'autre. Elles se saisirent encore comme la première fois et se mirent exactement dans la même position ; le résultat en fut le même ; dès que leurs ventres s'approchèrent, elles ne songèrent plus qu'à se dégager l'une de l'autre, et s'enfuirent. Les abeilles ouvrières étaient fort agitées pendant ce temps-là, et leur tumulte semblait s'accroître lorsque les deux adversaires se séparaient. Nous les vîmes, à deux différentes fois, arrêter les reines dans leur fuite, les saisir par les jambes et les retenir prisonnières plus d'une minute; enfin dans une troisième attaque, celle des deux reines qui était la plus acharnée ou la plus forte courut sur sa rivale au moment où celle-ci ne la voyait pas venir ; elle la saisit avec ses mandibules à la naissance de l'aile, puis monta sur son corps et ramena l'extrémité de son ventre sur les derniers anneaux de son ennemie, qu'elle parvint facilement à percer de son aiguillon; elle lâcha alors l'aile qu'elle tenait entre ses mandibules et retira son dard; la reine vaincue tomba, se traîna languissamment, perdit ses forces très-vite et expira bientôt après. »

La saison triste force les abeilles à se renfermer dans leurs habitations. Le miellat se dessèche sur les feuilles; les fleurs, devenues plus rares, refusent leur nectar aux abeilles butineuses, les vents froids et les pluies de l'automne les engourdissent et les retiennent captives. Les premières gelées les font tomber dans une sorte de sommeil léthargique. Elles se blottissent alors entre leurs gâteaux, et auprès de leurs provisions. Elles demeurent ainsi pressées les unes contre les autres jusqu'à ce que le printemps vienne les ranimer par sa tiède température.

Diptères.

LES MOUCHES.

Parmi les insectes nuisibles et importuns, les mouches doivent occuper, à plus d'un titre, une place distinguée. Par leur contact impur, elles gâtent et souillent tout ce qu'elles approchent. Les premières, elles goûtent aux mets qu'on sert sur nos tables; elles se fixent sur nos aliments avec une effronterie et une opiniâtreté difficiles à vaincre. Très-friandes des matières sucrées, elles se jettent par troupes sur les fruits confits, sur les raisins mûrs et sur les meilleurs produits de nos vergers. Elles s'attachent à leur proie avec une incroyable persistance, et, par leur entêtement, elles ont souvent désespéré la patience la plus soutenue. Aux mois de juin, de juillet et d'août, leur excessive multiplication devient si incommode dans les cuisines, dans les garde-manger, et même jusque dans les appartements, qu'on est obligé de leur faire une guerre ouverte et de chercher à les tuer en leur présentant du poison.

Il y a une certaine espèce de mouche qui suce le sang des animaux, et qui quelquefois s'attaque aux hommes eux-mêmes. Elle enfonce son bec pointu sous leur peau et se repaît avidement du sang qu'elle fait jaillir en assez grande abondance. Elle s'acharne si fortement à sa victime, se gorge tellement de nourriture, qu'on peut la tuer sur la plaie qu'elle a faite.

Toutes les mouches n'ont que deux ailes membraneuses, ordinairement transparentes, quelquefois ornées de couleurs brillantes et bigarrées. Sous ces deux ailes on remarque deux petits filets, plus ou moins développés, qu'on a nommés *balanciers*, parce qu'ils servent à régler leur vol. La tête est chargée de deux gros yeux colorés, à facettes. Vue au microscope, rien n'est plus riche que la tête d'une mouche. On y voit avec profusion l'or, l'argent, l'éclat des pierreries les plus variées et les plus étincelantes. Comment la tête d'un insecte si dégoûtant a-t-elle été ornée si magnifiquement? Combien de têtes folles et pleines de vanité qui cherchent à se parer de vains atours et qui sont moins riches que cette tête de mouche! Les animaux les plus disgraciés peuvent encore confondre notre orgueil. Leurs pattes offrent une conformation fort remarquable. Sous leurs tarses on voit une petite pelote de poils serrés qui peut faire l'office de ventouse. C'est à l'aide de cette disposition que les mouches peuvent, sans aucune peine, se maintenir et marcher, dans toutes les situations, sur les corps les plus lisses et les plus polis, comme les vitres des fenêtres.

Les larves des mouches se développent dans les matières les plus sales et les plus immondes. Quand elles veulent se métamorphoser, elles ne se dépouillent pas de leur peau, mais cette peau extérieure se durcit, devient écailleuse et les protège efficacement. Après un certain temps, la mouche arrivée à sa forme parfaite fait tomber une petite portion de la coque et sort de sa prison par cette ouverture. Elle ne paraît alors qu'avec des ailes pelissées et entortillées, mais bientôt celles-ci s'étendent, s'agitent, se dessèchent, deviennent brillantes, et l'insecte prend son vol.

On connaît une quantité presque infinie d'espèces de mouches ; elles ont été classées avec beaucoup de soin par plusieurs naturalistes qui se sont occupés spécialement de l'ordre des diptères.

LES COUSINS.

Les cousins sont de petits insectes méchants et cruels. Ils sont malheureusement bien connus de tout le monde à cause des piqûres douloureuses qu'ils nous font. On éprouve involontairement une émotion pénible, un mouvement d'impatience, quand on entend à son oreille leur bourdonnement aigu. Il est peu d'insectes dont nous ayons autant à nous plaindre. Quelques autres nous font des blessures plus cuisantes et même plus dangereuses, mais aucun n'est aussi acharné à nous poursuivre. Dans quelle campagne n'est-on pas sans cesse harcelé par les cousins? A peine est-on en sûreté contre eux dans les villes et dans les maisons. Dans quelques contrées méridionales de l'Europe, on ne peut s'en garantir, pendant la nuit, qu'en mettant aux lits une enveloppe de gaze qu'on appelle *cousinière*. Il y a des pays où ils sont encore plus redoutables qu'en Europe. Au rapport de tous les voyageurs, en Afrique et en Amérique, on a beaucoup à souffrir de ces insectes, connus sous le nom de *maringouins*. Leurs blessures, faites par des pointes extrêmement fines, sont peu douloureuses, mais souvent elles sont suivies d'enflures qui durent plusieurs jours, et qui, quelquefois, deviennent considérables. Les cousins sont donc nos ennemis déclarés, ils en veulent à notre sang, ils troublent notre repos, ils nous causent des démangeaisons insupportables. Cependant, quand on les examine attentivement, on est forcé d'admirer même l'instrument avec lequel ils nous tourmentent; on est étonné des habitudes curieuses de leur vie à ses différentes phases.

L'habile naturaliste Réaumur a donné des détails très-intéressants sur les mœurs et sur l'organisation des cousins, dans ses immortels mémoires sur l'histoire naturelle des insectes. La trompe ou l'aiguillon du cousin est composée de plusieurs parties en forme d'épées ou de filets très-déliés, dont quelques-unes sont garnies extérieurement de dentelures dirigées en arrière. Il est difficile de savoir le nombre de ces parties, parce qu'on ne peut les séparer sans les déranger ou les casser. Leuwenhoëck n'en a compté que quatre, Swammerdam six, et Réaumur en a observé et décrit cinq. A la vue simple, on n'aperçoit que le fourreau velu, garni de petites écailles, ayant une fente longitudinale à sa partie supérieure, et terminé par une espèce de bouton percé dans son milieu. Cet aiguillon, ou plutôt cet assemblage d'aiguillons, est de substance cornée très-solide, et renfermé dans un fourreau qui sert à le protéger solidement. Réaumur a fort bien expliqué le mécanisme de la succion que l'insecte opère sur notre peau, par le moyen de sa trompe. « Après que le cousin s'est posé sur le lieu qu'il doit piquer, on voit qu'il fait sortir du bout libre de sa trompe une pointe très-fine ; qu'il tâte successivement la peau à quatre ou cinq endroits avec le bout de cette pointe, probablement afin de choisir l'endroit où se trouve un vaisseau dans lequel le sang puisse être puisé à son gré. Quand il a fait son choix, on est averti par la petite douleur que la piqûre cause sur-le-champ ; la pointe de l'aiguillon s'introduit dans la peau ; l'étui qui enveloppe cet aiguillon, quoique solide, a une sorte de flexibilité ; il se courbe à mesure que l'aiguillon pénètre dans les chairs. A mesure que l'aiguillon pénètre, l'étui se courbe davantage ; il s'y fait même un angle de plus en plus aigu ; enfin l'étui s'est plié tout à fait en deux sur la longueur, quand la tête du cousin est près de toucher la peau. »

La plaie occasionnée par un dard aussi délié devrait se cicatriser promptement et sans douleur. Il n'en est point ainsi. Il s'élève à l'endroit blessé une tumeur très-irritante, produite par une gouttelette d'une liqueur vénéneuse que le cousin laisse couler sous la peau. Plus on porte la main sur cette tumeur, plus elle s'agrandit, plus elle devient cuisante. La piqûre du cousin, dans des endroits du corps plus délicats, comme les paupières et les joues, occasionne quelquefois un gonflement considérable. On peut le guérir par le moyen de l'alcali volatil.

Comme ces insectes n'ont pas toujours occasion de se rassasier de sang, ils ont encore d'autres aliments en partage; ils sucent aussi les plantes; on les trouve souvent sur différentes fleurs et particulièrement sur les chatons du saule. Dans les jours chauds et dans les lieux éclairés par le soleil, on remarque qu'ils se tiennent tranquilles jusque vers le soir, et qu'ils s'attachent au-dessous des feuilles. Cependant, ils n'attendent pas toujours le commencement de la nuit pour paraître; ils se livrent à leurs poursuites importunes dès le milieu du jour, surtout dans les bois.

C'est dans les eaux croupissantes des mares et des étangs que vivent et se développent les larves des cousins. Elles sont dépourvues de pattes, sont très-vives et très-nombreuses. Elles se nourrissent de débris de substances animales et végétales et préviennent par conséquent la trop prompte corruption des eaux. Les cousins, qui ne semblent utiles à rien, sinon à exercer la patience des hommes, ont encore un but qui concourt à l'harmonie générale de la nature.

La dernière métamorphose du cousin, qui d'un animal aquatique va en faire un volatile, est un des traits les plus curieux que nous offre l'histoire naturelle des insectes. La nymphe qui s'apprête à quitter son humide séjour, monte à la surface de l'eau et s'y tient immobile. Sa peau se gonfle et se fend sur le dos; la déchirure s'augmente promptement, et laisse paraître le corselet du cousin. La tête commence à se dégager; c'est un moment très-critique pour l'animal : l'eau qui était son élément lui serait maintenant funeste. Comment éviter tous les dangers qui l'assaillent? Un souffle dans l'air, le mouvement d'une feuille qui tombe, une secousse maladroitement donnée, une petite oscillation vont le submerger! Voyez avec quelle dextérité, avec quelles précautions il dégage sa tête et son corselet, avec quels efforts habilement ménagés il peut, par les contractions successives de son abdomen et sans le secours de ses membres, se débarrasser peu à peu de sa dépouille ! La peau de la nymphe est devenue un petit batelet, capable de supporter le cousin, qui se dresse au milieu comme un mât. Si le vent vient à souffler, l'insecte reste immobile, et la frêle nacelle glisse sur l'eau. Au premier moment de calme, le cousin dégage ses pattes, ses ailes, et s'élance dans les airs.

L'excessive multiplication des cousins en ferait un des fléaux les plus redoutables, si rien n'en diminuait le nombre. Mais le Créateur les a entourés d'une multitude d'ennemis dont ils font la nourriture. Sans compter les poissons qui dévorent une immense quantité de leurs larves, les hirondelles leur font une guerre de tous les instants et les détruisent par milliers.

Parasites et Suceurs.

LES PUCES ET LES POUX.

Les puces sont de petits insectes tristement célèbres par leurs piqûres insupportables. Elles sont avides du sang des hommes. Pourvues de pattes renflées à la partie postérieure, elles s'en servent comme d'un ressort pour sauter vivement et s'élancer à d'assez grandes distances. Au moindre danger, elles ont recours à ce moyen, qui les soustrait promptement aux atteintes de leurs ennemis. Leur peau est dure, coriace, d'un brun foncé, et élastique. Leurs antennes sont filiformes et composées seulement de quatre articles. La trompe qui constitue leur bouche est formée de trois parties, dont deux latérales servent de fourreau à une troisième très-fine et très-aiguë. C'est en introduisant dans les chairs cette trompe acérée, que les puces nous causent une douleur si vive, et qu'elles réussissent à s'abreuver de notre sang.

Les métamorphoses des puces sont en tout semblables à celles des insectes des autres ordres. Ces animaux sont ovipares, et de chacun des œufs il sort une petite larve, qui passe par l'état de nymphe avant de devenir insecte parfait. Ils déposent leurs œufs à la base des poils des autres animaux, sur les cheveux de l'homme, sur les plumes des oiseaux. Quatre ou cinq jours après avoir été pondus, ces œufs laissent échapper de petites larves, sous la forme d'un ver allongé, cylindrique, dont le corps est divisé en treize anneaux. Ces petites larves velues sont très-agiles et très-gourmandes. Après quinze ou seize jours, elles sont arrivées à leur entier accroissement; elles se renferment alors dans une petite coque très-blanche en dedans, sale et couverte de poussière en dehors, et s'y changent en nymphes. Le travail de transformation est court en été; il ne dure ordinairement que deux ou trois jours : en hiver, il est beaucoup plus long. La puce se hâte de sortir pleine de vivacité et d'appétit. C'est surtout dans les premiers jours de sa vie qu'elle est plus cruelle et plus intolérable..

La seule espèce de puce que nous ayons en Europe, se trouve non-seulement sur les hommes, mais encore sur plusieurs espèces d'animaux, comme les chiens, les chats, et même les vaches et les lièvres. Elle attaque de préférence les femmes et les enfants, sans doute parce que leur peau est plus tendre et plus délicate, peut-être encore parce que leur sang est plus doux et plus liquide. On a raconté, sur l'industrie de cette puce, une foule d'histoires merveilleuses. Nous n'avons pas l'intention de les raconter, parce qu'elles doivent presque toutes être rangées parmi les fables et les contes absurdes.

Il y a en Amérique une autre espèce de puce qu'on appelle *puce pénétrante ou chique* ; elle s'introduit sous les ongles des pieds et sous la peau du talon, pour y déposer ses œufs. La plaie est extrêmement douloureuse et se change facilement en ulcère malin, si l'on ne se hâte pas d'y apporter remède. On peut se préserver de cette incommodité fâcheuse, en se frottant les jambes avec des plantes âcres et amères.

Passons maintenant à l'histoire d'un animal plus dégoûtant encore que la puce, je veux dire le pou. Le corps de ce vilain insecte est plat et divisé en plusieurs articulations; la tête est munie d'un véritable suçoir, en forme de tube, par lequel l'insecte aspire le sang; les pattes sont munies, à leur extrémité, de deux crochets dirigés l'un vers l'autre, à l'aide desquels l'insecte se cramponne aux poils des animaux.

Les poux sont ovipares et multiplient beaucoup. Ils déposent leurs œufs, connus sous le nom de *lentes*, sur les cheveux et sur les habits des gens malpropres. Des expériences ont prouvé au célèbre naturaliste Leuwenhoëck, qu'en six jours un pou peut donner naissance à cinquante œufs; que les petits sortent des œufs au bout de six jours, et qu'environ dix-huit jours après en être sortis, ils peuvent pondre à leur tour. D'après ces observations et les calculs de l'auteur, deux poux peuvent être la souche de plus de dix-huit mille petits, dans l'espace de deux mois.

Les poux disparaissent de la tête des enfants, quand ceux-ci sont parvenus à un certain âge, à moins qu'ils ne soient entretenus par une excessive négligence. Ils se développent aussi quelquefois en immense quantité, sur le corps de l'homme, dans une terrible maladie qu'on nomme *maladie pédiculaire*.

Les œuvres de Dieu seul sont admirables!

ECCLÉS., *ch.* II.

APPENDICE.

DES CHENILLES.

Surmontons pour quelques instants une répugnance puérile ; allons étudier les instincts si pleins d'intérêt de quelques espèces de chenilles. Nous rapporterons de notre étude plusieurs traits frappants, propres à nous faire admirer de nouveau la libéralité touchante de Dieu pour des animaux que nous avons jugés si vils et si méprisables. L'observateur retrouve l'empreinte du doigt divin tout aussi clairement sur le corps de la chenille que dans la corolle de la plus gracieuse fleur des champs ; il reconnaît les soins attentifs de la Providence dans les habitudes et dans l'industrie de ces insectes dédaignés, d'une manière aussi évidente que dans les précautions presque infinies qui entourent les créatures les plus élevées.

Parmi les chenilles, les unes vivent constamment solitaires, les autres passent la plus grande partie de leur première existence, à l'état de larves, réunies en familles nombreuses. Nous serons témoins des ressources les plus variées, des habitudes les plus diverses, selon le genre de vie qu'il leur a été donné de suivre.

Nous nous attacherons spécialement à l'histoire des chenilles *lieuses*, des *plieuses*, des *rouleuses*, des *hydrocampes* ou *chenilles d'eau*, et des *processionnaires*.

Les chenilles lieuses sont généralement d'une taille médiocre et recouvertes de couleurs sombres : elles ont été ainsi nommées parce qu'elles ont la coutume de réunir plusieurs feuilles en un petit paquet. Pour arriver à consolider le faisceau, qui doit plus tard leur être utile, il leur faut user de patience et de génie. Elles cherchent d'abord à parvenir à la pointe des feuilles, afin d'y attacher quelques fils soyeux : de là dépend tout le succès de l'opération. Dès que deux ou trois feuilles ont été rapprochées par leur extrémité, elles sont peu à peu serrées dans toute leur longueur au moyen de nombreuses cordelettes. Bientôt le paquet devient volumineux par l'addition des feuilles les plus convenables et les plus voisines. Les liens destinés à les retenir sont tellement fermes, que des efforts assez grands ont quelque peine à les faire céder. En paix au milieu de son nouveau domicile, la chenille y trouve et l'abri et des provisions abondantes ; le parenchyme des feuilles lui donnera sa nourriture de prédilection, tandis que le toit de feuilles la défendra contre toute surprise de la part de ses ennemis, la protégera contre toutes les variations de l'atmosphère. On rencontrera souvent les paquets de feuilles de la chenille plieuse sur les poiriers, sur les ronces, sur les épines, sur les rosiers et sur les pommiers. Les plus jolis ouvrages en ce genre, ceux qui sont tissus avec plus d'art, se rencontrent sur le fenouil, sur les saules et sur les osiers. Voici, dans l'histoire de la chenille lieuse, un fait qui prouve une prévoyance qui supposerait presque de l'intelligence. Lorsque la tige, dont les dernières feuilles ont été liées, se développera par l'effet naturel de la végétation, elle détruira le travail de notre petite ouvrière. Ne craignons rien ; celle-ci commence par ronger le bourgeon suspect, elle n'a plus rien à redouter de ce côté-là. Quel instinct étonnant !

Les chenilles rouleuses ne le cèdent point aux précédentes en industrie, ni en habileté. Leurs travaux demandent autant de courage, et peut-être de plus grandes ressources. On peut les observer sur une foule de plantes, mais particulièrement sur le chêne, lorsque les feuilles ont atteint tout leur développement. Ces feuilles sont contournées de mille manières plus extraordinaires les unes que les autres. Tantôt ce sont des cornets enroulés avec grâce, tantôt ce sont des tubes cylindriques serrés avec force; quelquefois plusieurs feuilles sont attachées ensemble pour former des tuyaux plus solides. Comment de faibles insectes, n'ayant pas d'autres outils que leurs pattes, leurs mâchoires et leurs filières, ont-ils pu faire céder des feuilles si robustes, les retenir dans des positions si contraires à leur élasticité naturelle? Examinons-les à l'ouvrage.

A l'aide de cordons de soie tendus d'une extrémité de la feuille à l'autre, les chenilles rouleuses en fléchissent un peu la surface par la traction de ces petits câbles. Lorsque le premier mouvement a eu lieu, une nouvelle rangée de cordons plus courts que les premiers augmente la courbure déjà obtenue; un troisième rang de fils tirés avec plus d'énergie rapproche encore les extrémités ; par une suite de manœuvres de la même espèce, le travail s'avance peu à peu, et, à force de persévérance, notre petit ermite arrive à terminer sa cellule. Quelle constance pour mener à bonne fin une entreprise si difficile! Combien de fois le travail est-il suspendu par quelque obstacle inopiné? La grosse nervure du milieu de la feuille oppose souvent une résistance insurmontable aux efforts redoublés de notre laborieuse chenille; elle ne perd point courage : on dirait qu'elle comprend la raison de l'inutilité de ses tentatives. En effet, elle se met aussitôt à ronger la nervure trop ferme, son travail n'éprouve plus aucun retard et se termine heureusement.

Il est impossible de passer sous silence l'industrie d'une petite chenille rouleuse qui se développe communément sur l'oseille, au mois de septembre. Par un procédé fort ingénieux, elle a le talent de se fabriquer un rouleau, composé de plusieurs tours fixés les uns sur les autres. C'est un travail fatigant qui dure plusieurs jours; mais la constance surmonte toutes les difficultés. La science de notre petite mécanicienne ne se borne pas à se fabriquer une maison en forme de colonne, il faut maintenant qu'elle parvienne à l'établir perpendiculairement, comme un obélisque sur sa base. C'est un problème dont la solution embarrasserait plus d'un savant. Elle établit tout un système de cordages, qui dressent insensiblement sa maisonnette et en assurent la solidité.

Les chenilles plieuses réclament notre attention à leur tour. Elles ont le talent de se construire une habitation en forme de petite boîte aplatie; elles ont l'art de plier une feuille, quelquefois en divers sens, pour se loger commodément. Retirées dans leur cabane tendue de soie, elles en mangent les murailles formées de la surface des feuilles. Elles ont grand soin de ménager les fibres et l'épiderme du côté opposé, afin de ne point ouvrir de porte à l'ennemi et au froid qui leur donnerait la mort.

Personne assurément ne s'imaginerait qu'il y a une chenille qui vit dans l'eau. C'est là cependant que l'hydrocampe vit et se développe. Elle se nourrit de la substance de quelques plantes aquatiques, qu'elle ne peut rencontrer qu'à une certaine profondeur. Admirons une disposition merveilleuse ! Cette chenille, entourée d'eau de tous côtés, a besoin pourtant de respirer l'air atmosphérique; baignée par le liquide, elle serait promptement asphyxiée. Alors elle se fabrique une coque de soie impénétrable à l'humidité, qui renferme une provision suffisante d'air respirable. Chose singulière, la tête de l'insecte peut sortir de cette cavité et y rentrer sans donner passage à l'eau. Quand le papillon arrive à sa dernière forme, il parvient à la surface de l'eau sans accident, et prend joyeusement son essor dans les airs.

Combien d'autres prodiges n'aurions-nous pas à dévoiler si nous voulions décrire les travaux de la chenille du cossus, qui se creuse des galeries dans l'intérieur de l'arbre au sein duquel elle se développe, et tisse derrière elle une toile solide pour lui servir de point d'appui ; les procédés de la chenille qui s'enveloppe des fragments qu'elle détache de l'écorce du chêne, et se compose ainsi une coque qui ressemble à un ouvrage de marqueterie ; et l'habileté de la chenille aux teintes d'émeraude, qui se fabrique, sur une feuille du même arbre, un berceau de soie, en forme de petit bateau ; et l'industrie de de celle qui attache sa coque en grain d'orge à une tige de graminée, ou de celle qui roule une feuille de frêne en cornet et suspend au milieu sa coque en grain d'avoine. Le naturaliste religieux, instruit à reporter tout ce qu'il voit vers l'auteur de la création, rencontre à chaque pas, dans l'étude des mœurs des animaux, de nouvelles et pures jouissances ! Il faudrait avoir l'esprit rempli de ténèbres bien épaisses pour ne point voir partout l'effet d'une intelligence toute puissante et parfaitement sage !

Plusieurs espèces de chenilles forment des sociétés nombreuses, de véritables républiques, gouvernées par des principes communs de bien général et de défense mutuelle. Les processionnaires composent une des familles les plus peuplées et les mieux policées. Les citoyens de cette petite nation sont de taille moyenne, noirs sur la partie supérieure du corps et couverts de longs poils blancs. Ne vous hasardez pas à porter sur ces chenilles une main imprudente, car ces poils légers pénètrent facilement dans les pores de la peau et y causent des démangeaisons analogues à celles que produit la piqûre de l'ortie. Si vous voulez examiner leur nid, prenez quelques précautions ; en l'ouvrant précipitamment, il s'en échappe une poussière épaisse, formée des débris de ces villosités délicates, qui occasionnerait sur la figure une inflammation fort douloureuse, semblable à un érésipèle.

Toutes les processionnaires travaillent simultanément à construire une habitation commune. C'est un riche pavillon de soie, où chaque individu possède une case pour se reposer et se soustraire à l'avidité de ses ennemis. Vers le soir, ces chenilles quittent leur domicile pour aller chercher leur nourriture. Elles suivent un ordre de marche fort singulier et fort remarquable. On en voit d'abord s'avancer une seule qui ouvre la marche en explorant le terrain avec précaution, puis les autres suivent à la file, deux, trois, quatre ou cinq de front, dans un alignement parfait. C'est comme un troupeau de moutons qui ne marche qu'à la suite d'un chef conducteur. Le guide vient-il à s'arrêter, toutes nos chenilles s'arrêtent au même instant; reprend-il sa marche, on continue la route; s'engage-t-il par un détour, toute la ligne y passe après lui. Aussitôt que le corps d'armée expéditionnaire est rendu sur une branche verte, bien garnie de feuilles tendres et fraîches, on se débande pour prendre place au festin. Dès que le repas est fini, on s'apprête à retourner au nid. Une chenille s'avance, une autre la suit, les rangs se réorganisent, on se place convenablement, le bataillon défile, et nos processionnaires regagnent leur palais de soie, en observant le même ordre qu'en sortant. Elles retournent exactement sur leurs pas, et, afin de prévenir toute erreur, elles laissent derrière elles de longs sillons de soie qui servent à les diriger. Elles vont hardiment sur un chemin connu; mais si l'on interrompt les fils, on est témoin d'un grand trouble. Les chenilles sont inquiètes, elles se pressent, elles se heurtent, jusqu'à ce qu'une d'entre elles, plus impatiente que les autres, renoue le fil rompu.

Nous finissons cette histoire de quelques chenilles en répétant ces belles paroles de saint Augustin : « Chaque espèce a ses beautés naturelles. Plus l'homme les considère, plus elles excitent son admiration, et plus elles l'engagent à louer l'auteur de la nature. Il s'aperçoit qu'il a tout fait avec sagesse, que tout est soumis à son pouvoir, et qu'il gouverne tout avec bonté. »

FIN DE L'HISTOIRE DES INSECTES.

CARACTÈRES SPÉCIFIQUES

DES

INSECTES INDIQUÉS DANS CET OUVRAGE.

Le but que nous nous sommes proposé en écrivant cet ouvrage nous a empêché de donner pour chaque insecte une description scientifique. Nous avons toujours cherché à diminuer l'aridité nécessairement attachée à ces sortes de définitions, indispensables pour les entomologistes classificateurs. Les noms vulgaires des insectes peuvent varier suivant les localités, la synonymie d'ailleurs est toujours embarrassante ; pour ces raisons, nous avons jugé utile de placer ici les caractères zoologiques des espèces dont nous avons raconté l'histoire. Les jeunes naturalistes trouveront, peut-être, dans cette nomenclature courte et simple, un point de départ pour entrer dans la connaissance si attrayante des familles, des genres et des espèces entomologiques.

COLÉOPTÈRES.

CICINDÈLE champêtre. *Cicindela campestris*. Fabr. — D'un vert terne en dessus, métallique en dessous; antennes noires; cinq points blancs sur chaque élytre. — Commune en France.

CICINDÈLE hybride. *Cicindela hybrida*. Fabr. — Élytres cuivreuses vers le point de jonction, ayant chacune deux taches en croissant et une bande blanche. — Commune.

CARABE doré. *Carabus auratus*. Fabr. — Ovale, vert doré en dessus; antennes et pattes rousses. — Très-commun.

CARABE purpurin. *Carabus purpurascens*. Fabr. — Oblong; noir; bords du corselet et des élytres ayant un reflet de pourpre. — Moins commun.

CARABE bleu. *Carabus cyaneus*. Fabr. — Ovale, allongé; un peu déprimé; violet en dessus; élytres rugueuses. — Rare.

PROCRUSTE chagriné. *Procrustes coriaceus*. Fabr. — Un des plus grands carabiques; noir luisant en dessus, mat en dessous, élytres chagrinées. — Très-commun.

CALOSOME sycophante. *Calosoma sycophanta*. Fabr. — Dessous du corps, tête et corselet d'un noir bleuâtre; pattes noires; élytres d'un vert doré, à reflets cuivreux. — Rare.

BRACHINE pétard. *Brachinus crepitans.* Fabr. — Dessous du corps, tête et corselet fauves; élytres entièrement d'un noir bleuâtre, variant au verdâtre. — Commun.

BRACHINE à explosion. *Brachinus explodens.* Duf. — Ferrugineux; élytres presque lisses, bleues, sans taches, rouges à la base; abdomen obscur. — Commun.

BRACHINE pistolet. *Brachinus sclopeta.* Fabr. — Plus petit que les précédents; dessous du corps d'un rouge ferrugineux; élytres d'un noir bleuâtre, ayant leur suture en partie fauve. — Commun.

HARPALE. *Harpalus.* Latr. — Ce genre a été sous-divisé en un très-grand nombre d'autres genres. La tribu des harpaliens renferme une quantité prodigieuse d'espèces.

DYTISQUE bordé. *Dytiscus marginalis.* Fabr. — De la famille des hydrocanthares; noir en dessus, d'un brun jaunâtre en dessous; le mâle ayant les élytres lisses, la femelle les ayant rayées; tout le corps semble bordé d'une bande claire. — Commun.

GYRIN nageur. *Gyrinus natator.* Fabr. — D'un noir foncé et luisant; pattes jaunes; élytres avec des stries fines. — Commun.

STAPHYLIN odorant. *Staphylinus olens.* Latr. —

Corps entièrement noir; tête plus large que le corselet. Il répand une odeur nauséabonde. — Commun.

STAPHYLIN à élytres rouges. *Staphylinus erytropterus*. Latr. — Élytres et pattes fauves; bord postérieur du corselet d'un jaune doré. — Rare.

STAPHYLIN bourdon. *Staphylinus hirtus*. Latr. — Noir, très-velu, avec le dessus de la tête, du corselet et les derniers anneaux de l'abdomen couverts de poils épais d'un jaune doré et lustré. — Rare.

STAPHYLIN à tête dorée. *Staphylinus chrysocephalus*. Latr. — Tête couverte de villosités à reflets dorés; quelques petites taches d'un roux obscur sur le corselet et les élytres. — Très-rare.

PEDÈRE littoral. *Pæderus riparius*. Latr. — Corps allongé, d'un fauve jaunâtre; élytres bleues; les deux derniers anneaux de l'abdomen d'un noir bleuâtre. – Commun.

BUPRESTE géant. *Euchroma gigantea*. Latr. — Long de six à sept centimètres; d'un vert doré; abdomen à reflets rouges. — Cayenne.

AGRYLE élargi. *Agrylus latus*. Latr. — Corps d'un cuivreux mat; élytres finement pointillées. — Commun.

TAUPIN lumineux. *Pyrophorus noctilucus*. Latr. — Long de quatre centimètres; d'un noir fauve; le corselet ayant de chaque côté une tache brune, lumineuse pendant la nuit. — Antilles.

TAUPIN ferrugineux. *Steatoderus ferrugineus*. Latr. — Long de trois centimètres; d'un rouge ferrugineux en dessus, noir en dessous. — Rare.

LAMPYRE, ver-luisant. *Lampyris noctiluca*. Latr. — Élytres noirâtres; antennes simples; corselet demi-circulaire, recevant entièrement la tête, avec deux taches transparentes en croissant. La femelle est aptère. — Rare.

LUCIOLE d'Italie. — *Colophotia italica*. Latr. — Petit, corselet rougeâtre, élytres brunes, les deux derniers anneaux de l'abdomen d'un jaune citron. — Italie.

VRILLETTE opiniâtre. *Anobium pertinax*. Latr. — Noirâtre; quatre lignes élevées sur le corselet; élytres à stries formées par des points. — Rare.

NÉCROPHORE enterreur. *Necrophorus vespillo*. Latr. — Noir; deux bandes ondées d'un rouge jaunâtre sur les élytres. — Commun.

NÉCROPHORE germanique. *Necrophorus germanicus*. Latr. — Grand, noir; bord extérieur des élytres d'un rouge vif. — Rare.

HYDROPHILE brun. *Hydrophilus piceus*. Latr. — Long de quatre à cinq centimètres; ovale, d'un brun noir luisant; une pointe très-aiguë au sternum. — Commun.

ATEUCHUS sacré. *Ateuchus sacer*. Latr. — Grand, noir, lisse; bords du chaperon découpés en six dents; deux tubercules sur la tête. — Égypte, et assez souvent France méridionale.

CÉTOINE dorée. *Cetonia aurata*. Latr. — Antennes noires, tête verte; corselet d'un vert doré, finement pointillé; élytres d'une belle couleur d'or, avec quelques petites taches blanches ondées. — Commun.

CÉTOINE marbrée. *Cetonia marmorata*. Latr. — Elle ressemble un peu à la précédente, mais le corps est plutôt bronzé que doré; les élytres sont traversées par des bandes irrégulières ressemblant assez aux veines du marbre. — Commune.

HOPLIE écailleuse. *Hoplia farinosa*. Fabr. — Dessus du corps couvert d'écailles brillantes d'un bleu argenté; dessous couvert d'écailles argentées avec une teinte d'un vert doré. — Commune.

HANNETON commun. *Mèlolontha vulgaris*. Latr. — Corps rougeâtre, couvert d'un duvet fin et cendré; bords de l'abdomen ayant une rangée de taches triangulaires et blanches. — Très-commun.

LUCANE cerf-volant. *Lucanus cervus*. Latr. — Noir; élytres brunes; mandibules prolongées en deux cornes fourchues à l'extrémité; la femelle a les mandibules courtes. — Commun.

LUCANE chevreuil. *Lucanus capreolus*. Fabr. — Plus petit que le précédent, auquel il ressemble beaucoup. — Commun.

DORCUS parallélipipède. *Dorcus parallelipipedus*. Fabr. — Espèce semblable à la femelle du chevreuil. Les deux sexes n'ont jamais de longues mandibules. — Commun.

OPATRE des sables. *Opatrum sabulosum.* Latr. — Noir ou d'un gris cendré; finement chagriné; élytres ayant trois lignes longitudinales crénelées. — Commun.

ASIDE grise. *Asida grisea.* Latr. — D'un noir terreux; élytres ayant des lignes irrégulières, dentées ou ondées. — Commun.

BLAPS porte-malheur. *Blaps mortisaga.* Latr. — Noir-foncé; corps ovale, élytres soudées, ayant leur extrémité prolongée en une espèce de queue échancrée. — Commun.

CANTHARIDE à vésicatoires. *Lytta vesicatoria.* Fabr. — D'un vert doré; antennes noires; une ligne profondément enfoncée sur le milieu de la tête. — Commune.

MÉLOÉ automnal. *Meloë autumnalis.* Latr. — D'un bleu foncé; corps renflé; élytres courtes, sans ailes membraneuses; une légère ligne enfoncée derrière la tête; corselet très-concave au bord postérieur. — Commun.

BRUCHE des pois. — *Bruchus pisi.* Latr. — Noirâtre; pattes fauves; une tache grise au milieu du bord postérieur du corselet; élytres striées. — Commun.

CHARANÇON impérial. *Entimus imperialis.* Fabr. — D'un vert doré brillant; avec des lignes élevées, entremêlées de points enfoncés de la même couleur. — Amérique méridionale.

POLYDRUSUS du coudrier. *Polydrusus coryli*. Latr. — Taille petite; corps allongé, entièrement recouvert de petites écailles vertes et brillantes. — Commun.

RYNCHITES Bacchus. *Rynchites Bacchus*. Latr. — Joli petit charançon. Bec allongé, corps arrondi, orné de couleurs purpurines. — Commun.

CHARANÇON du blé. *Calandra granaria*. Latr. — Très-petit; d'un brun marron obscur; corselet ponctué; élytres finement striées. — Commun.

SCOLYTE destructeur. *Scolytus destructor*. Latr. — Élytres brunes, tronquées et striées; tête couverte de poils gris-cendré. — Commun.

APATE capucin. *Apate capucina*. Fabr. — Corselet bossu; abdomen et élytres rouges. — Commun.

CAPRICORNE héros. *Hammaticherus heros*. Latr. — Long de quatre à cinq centimètres; noir; antennes très-longues; corselet épineux. — Commun.

CAPRICORNE musqué. *Aromia moschata*. Dej. — D'un vert brillant, quelquefois cuivreux ou bleuâtre. — Commun.

CAPRICORNE de Kœlher. *Purpuricenus Kœlheri*. Latr. — Corps noir; élytres d'un rouge sanguin; corselet présentant souvent deux petites taches rouges. — Rare.

CALLIDIE clavipède. *Callidium clavipes*. Latr. — D'un noir opaque; cuisses renflées. — Rare.

CALLIDIE sanguine. *Callidium sanguineum*. Latr.

Corselet arrondi, tuberculé; d'un rouge vif, ainsi que les élytres; le reste du corps noir. — Commun.

CRIOCÈRE du lis. *Crioceris merdigera*. Latr.—Tête noire, ainsi que le dessous du corps; élytres et corselet rouges.—Commun.

ALTISE potagère. *Altica oleracea*. Latr. — Oblongue.; d'un bleu verdâtre luisant; antennes noires; élytres finement ponctuées.—Commun.

COCCINELLE sept-points. *Coccinella 7 — punctata*. Latr.—Hémisphérique, noire, une tache blanche sur les bords latéraux du corselet; élytres fauves, ayant sept points noirs.

LÉPIDOPTÈRES.

LE PAPILLON paon de jour. *Vanessa io*. Latr. — Ailes anguleuses; dessus d'un fauve rougeâtre, avec une grande tache, en forme d'œil, sur chacune; dessous des ailes noirâtre.—Commun.

VANESSE du chardon. *Vanessa cardui*. Latr. — Ailes dentées; dessus rouge varié de blanc et de noir, dessous marbré de gris, de jaune et de brun, avec cinq taches en forme d'yeux bleuâtres.—Commun.

SPHINX tête de mort. *Brachyglossa atropos*. Latr. —Ailes supérieures mélangées de brun foncé et de jaune; corselet marqué de taches noires imitant à peu près une tête de mort.—Commun.

SPHINX du liseron. *S. convolvuli*. Latr.—Ailes supérieures variées de raies brunes plus ou moins foncées; les inférieures ayant des bandes d'un brun noirâtre; abdomen alternativement rayé de rouge et de noir.—Rare.

Sphinx de la vigne. *Sphinx Elpenor*. Latr. — Ailes supérieures d'un vert olive, ayant des bandes rouges.—Commun.

Cossus ronge-bois. *Cossus Ligniperda*. Latr. — D'un gris foncé; ailes supérieures ayant en dessus de petites lignes noires très-nombreuses, formant des veines entremêlées de brun et de blanc.—Rare.

Le grand paon de nuit. *Attacus pavonia*. Germ.— Le plus grand papillon de notre pays; corps brun; ailes grises, avec un grand œil composé de cercles de couleurs variées.—Rare.

La feuille-morte. *Gastropacha quercifolia*. Germ.—D'un roux brun; ailes supérieures traversées par trois lignes noirâtres et onduleuses; ailes inférieures dentelées.—Rare.

Le ver à soie. *Lasiocampus mori*. Schrank. — Ailes blanches, avec deux ou trois raies obscures et une tache en croissant; antennes brunes et pectinées.—Originaire de la Chine.

Bombyx processionnaire. *Lasiocampus processionea*. Schrank. — D'un gris cendré; antennes pectinées, fauves; quelques lignes transversales peu marquées.—Commun.

Pyrale de la vigne. *Pyralis vitis*. Latr. — Dessus

des ailes supérieures d'un verdâtre foncé, avec trois bandes obliques noirâtres.—Commun.

TEIGNE des tapisseries. *Tinea tapezella.* Latr. — Ailes supérieures noires; leur extrémité postérieure, ainsi que la tête, blanches; le bord supérieur un peu relevé.—Commun.

DERMAPTÈRES.

FORFICULE ordinaire. *Forficula auricularia.* Fabr. — Brune; tête rousse; pieds d'un jaune d'ocre; élytres rougeâtres.—Commun.

ORTHOPTÈRES.

MANTE Prie-Dieu. *Mantis religiosa.* Fabr. —Verte, corselet caréné; élytres plus longues que les ailes; pattes ravisseuses.—Commun.

PHYLLIE feuille sèche. *Phyllium siccifolium.* Fabr. —D'un vert jaunâtre; corselet court, dentelé sur les bords; des feuillets dentelés aux cuisses; élytres courtes.—Inde.

SAUTERELLE émigrante. *Acridium migratorium.* Latr.—Vert ou brun, jambes postérieures d'un roux vif; élytres brunes tachetées de noir. — Commun.

GRILLON champêtre. *Gryllus campestris.* Latr. — Noir; court et épais; tête grosse; ailes traversées de grosses nervures; cuisses rugueuses. — Commun.

GRILLON domestique. *Gryllus domesticus.* Latr.—

Semblable au précédent, excepté pour la couleur qui est jaunâtre ou grise.—Commun.

COURTILIÈRE commune. *Gryllo-talpa vulgaris*. Fabr. — Jambes antérieures ayant quatre dents; élytres de la moitié de la longueur de l'abdomen. —Commun.

HÉMIPTÈRES.

PENTATOME grise. *Pentatoma grisea*. Latr. — D'un gris jaunâtre, obscure, ponctuée de noirâtre; membrane des élytres blanche, avec des points noirs; jaunâtre en dessous.—Commun.

PUNAISE des lits. *Cimex lectularius*. Latr. — Sans ailes, d'un roux foncé. — On prétend qu'elle fut apportée d'Amérique.

REDUVE à masque. *Reduvius personatus*. Latr. — Entièrement noirâtre, écusson terminé par une pointe droite. — Commun.

CIGALE commune. *Cicada plebeia*. Latr.—Noirâtre, tachetée de jaunâtre ou de roussâtre; élytres ayant sur leur moitié inférieure des nervures testacées, et sur l'autre moitié des nervures noirâtres.—Commune dans la France méridionale.

CERCOPE écumeux. *Cercopis spumaria*. Fabr. — Dessus d'un cendré noirâtre; élytres ayant chacune deux taches blanches, formant un angle près du bord extérieur.—Commun.

PUCERON. On en connaît plusieurs espèces variant de couleur, suivant la plante sur laquelle elles se nourrissent.

COCHENILLE du nopal. *Coccus cacti.* Latr. — D'un rouge foncé; abdomen terminé par deux soies assez longues; ailes grandes et blanches. — Mexique.

NÉVROPTÈRES.

LIBELLULE vulgaire. *Libellula vulgatissima.* Latr. Côtés du corselet et de l'abdomen jaunes; ailes blanches; taches marginales des ailes d'un brun ferrugineux.—Commune.

AGRION vierge. *Agrion virgo.* Latr.—Espèce ayant plusieurs variétés remarquables. Le corps est tantôt bleu, tantôt doré, tantôt soyeux; les ailes bleues ou vertes.—Commune.

EPHÉMÈRE vulgaire. *Ephemera vulgata.* Latr. — Abdomen terminé par trois filets; pattes pâles, à taches obscures; ailes et corps mélangés de jaune et d'obscur.—Commun.

FOURMI-LION. *Myrmeleon formicarium.* Latr. — D'un cendré noirâtre, corselet tacheté de gris roussâtre; ailes ayant les nervures et quelques taches d'un brun noirâtre.—Commun.

PHRYGANE commune. *Phryganea vulgata.* Latr.— Noire pattes fauves, ailes d'un fauve testacé et uniforme. —Commun.

HYMÉNOPTÈRES.

HYLOTOME du rosier. *Hylotomus rosæ.* Latr. — D'un jaune foncé; antennes et tête noires, ainsi que le dessus du corselet, tarses annelés de noir. — Commun.

Ichneumon piqueur. *Ichneumon compunctor.* Latr. — Noir, bouche ferrugineuse, ainsi que les pattes; abdomen pédiculé. — Commun.

Cynips de la galle à teinture. *Cynips gallæ tinctoriæ.* Oliv. — Fauve pâle, à duvet soyeux et blanchâtre; yeux noirs; tache d'un brun noirâtre et luisant sur l'abdomen. — Asie-Mineure.

Cynips du bédéguar. *Cynips rosæ.* Latr. — Pattes et abdomen roux, ailes transparentes. — Rare.

Sphège des sables. *Sphex sabulosa.* Latr. — Premier anneau de l'abdomen noir, le second et le troisième fauves, les autres d'un noir bleuâtre; tête ornée d'un duvet argenté. — Commun.

Guêpe commune. *Vespa vulgaris.* Latr. — Noire, pattes jaunes, abdomen jaune, avec une bande noire dentée. — Commun.

Guêpe frelon. *Vespa crabro.* Latr. — Corps varié de ferrugineux et de noir; anneaux de l'abdomen en partie jaunes et en partie bruns. — Commun.

Abeille domestique. *Apis mellifica.* Latr. — Noirâtre, pubescente, à poils d'un gris jaunâtre obscur; quelques lignes d'un duvet cendré.

DIPTÈRES.

Mouche des maisons. *Musca domestica.* Latr.

Mouche dorée. *Musca cæsar.* Latr.

MOUCHE bleue de la viande. *Musca vomitoria*. Latr.

COUSIN commun. *Culex pipiens*. Latr. — Cendré; abdomen annelé de brun; ailes transparentes, sans taches; antennes du mâle plumeuses. —

SUCEURS ET PARASITES.

PUCE commune. *Pulex irritans*. Latr.—D'un brun marron.

PUCE pénétrante. *Pulex penetrans*. Latr. — Très-petite; d'un noir rouge.

POU de la tête. *Pediculus cervicalis*. Latr. — Cendré; corps découpé latéralement.

FIN.

TABLE

DES MATIÈRES CONTENUES DANS CE VOLUME.

FIN DE LA TABLE.

Tours. — Imp. de Mame.

www.ingramcontent.com/pod-product-compliance
Ingram Content Group UK Ltd.
Pitfield, Milton Keynes, MK11 3LW, UK
UKHW020313230726
13925UKWH00002B/384